环境保护基础

何国强　张哲媛　马新萍　主编

文化发展出版社
Cultural Development Press

图书在版编目（CIP）数据

环境保护基础 / 何国强，张哲媛，马新萍主编. —
北京 ：文化发展出版社，2019.12（2022.1重印）
ISBN 978-7-5142-2887-8

Ⅰ. ①环… Ⅱ. ①何… ②张… ③马… Ⅲ. ①环境保
护 Ⅳ. ①X

中国版本图书馆 CIP 数据核字（2019）第 254116 号

环境保护基础

主　　编：何国强　张哲媛　马新萍

责任编辑：唐小君

执行编辑：杨　琪　　　　　　　　　责任校对：岳智勇

责任印制：邓辉明　　　　　　　　　责任设计：侯　铮

出版发行：文化发展出版社有限公司（北京市翠微路 2 号　邮编：100036）

网　　址：www.wenhuafazhan.com

经　　销：各地新华书店

印　　刷：阳谷毕升印务有限公司

开　　本：787mm×1092mm　1/16

字　　数：207 千字

印　　张：8.75

版　　次：2021 年 5 月第 1 版　2022 年 1 月第 2 次印刷

定　　价：38.00 元

ＩＳＢＮ：978-7-5142-2887-8

◆如发现任何质量问题请与我社发行部联系。发行部电话：010-88275710

前　言

　　环境保护是我国的一项基本国策,而环境保护教育又是环保工作的重要基础。因此必须加强环境学科相关知识在实践中的应用,提高我国环保类专业学生的环境科研、监管能力,注重学生实践操作能力的培养,努力提高环保专业课程体系的整体性、系统性、实用性。

　　环境管理作为人类自身行为管理的一种活动,是在 20 世纪 60 年代末开始随着全球环境问题的日益严重而逐步形成、发展的。环境管理随着人类环保实践活动的推进而不断演变。相当长的时期内,人们直接感受到的环境问题主要是局部地区的环境污染。人类沿袭工业文明的思维定式,把环境问题作为一个单纯的技术问题,其环境管理实质上只是污染治理,主要的管理原则是"污染者治理"和末端治理模式。随着末端治理走到环境污染治理的尽头,加之生态破坏、资源枯竭等其他环境问题的进一步凸现,人们开始从经济学的角度去探寻环境问题的根源与对策,通过"环境经济一体化"使"环境成本内部化",将环境管理原则变为"污染者负担,利用者补偿",从而推进了源头削减、预防为主和全过程控制的管理模式的形成。人们在科学发展、保护环境的长期追求与探索中,逐步认识到环境问题是人类社会在传统自然观和发展观支配下导致的必然结果,其管理和技术手段都是"治标不治本"的,只有在改变传统的发展观基础上产生的财富观、消费观、价值观和道德观,才能从根本上解决环境问题。因而环境管理不是单纯的技术问题,也不是单纯的经济问题和社会问题,而是人与自然和谐、经济发展与环境保护相协调的全方位综合管理。作为新时代环境下的大学生了解和掌握一定的环境科学知识已然成为其基本素养。

　　本书以实用和适度为原则,力求集知识性、系统性、趣味性和前瞻性于一体,介绍了环境与环境生态学、环境管理及保护、自然资源保护与管理、水环境污染、大气环境污染等内容。

　　本书既可作为本科、高职高专的专业教材,也可作为相近专业教材,同时也可作为公众环保科普读物。

　　由于环境科学是一门新兴学科,同时其具有很强的可拓展性及纵深性,再加之编者水平有限,书中难免有疏漏之处,恳请读者批评指正,以便在今后的使用中可以不断修正完善。

编　者

2019 年 9 月

目　　录

第一章　环境与环境生态学

学习目标

通过本章学习，了解环境及其分类、生态系统的组成及生态平衡、生态学在环保中的作用；了解世界环境保护的发展历程，特别是20世纪以来围绕温室气体排放，世界各国的合作情况及我国生态环境建设目标。

第一节　环　境

一、环境及其分类

1. 环境

环境是指周围的一切事物。本书所涉及的是人类的环境，它是以人类社会为主体的外部世界的综合体，即以人类为中心事物，其他生物和非生命物质为环境要素，构成人类的生存环境。也有人把人类和整个生物界作为环境的中心事物，而把其他非生命物质看作生物界的环境，生态学家往往持这种看法。

世界各国的一些环境保护法规中，往往把环境要素或应保护的对象称为环境。《中华人民共和国环境保护法》明确指出"本法所称环境是指：大气、水、土地、矿藏、森林、草原、野生动物、野生植物、水生生物、名胜古迹、风景游览区、温泉、疗养区、自然保护区、生活居住区等。"这就以法律的语言准确地规定了应予保护的环境要素和对象。

2. 环境的分类

环境是一个非常复杂的系统，可按不同的方式进行分类：

（1）按环境的要素分类。按照环境要素的不同，可以把环境分为自然环境和人为环境两大类。

①自然环境。是时刻环绕在人类的空间中，对人类的生存和发展产生直接影响的一切自然形成的物质、能量和自然现象的总体，即阳光、温度、气候、地磁、空气、水、岩石、土壤、动植物、微生物以及地壳的稳定性等自然因素的总和。这些环境要素构成了相互联系、相互制约的自然环境系统。

②人为环境。由于人类的活动而形成的各种事物，它包括人为形成的物质、能量和精神产品以及人类活动中所形成的人与人之间的关系（或称上层建筑）。人为环境由综合生产力（包括人）、技术进步、人工建筑物、人工产品和能量、政治体制、社会行为、宗教信仰、文化与地方因素等组成。

（2）按环境范围分类。按环境范围的由小到大、由近及远可以把环境分为院落环境、村落环境、城市环境、地理环境、地质环境和星际环境等。它们规模不同、性质不同，相互交叉、相互转化，从而形成了一个庞大的系统。

①院落环境。作为基本环境单位，是由建筑物和与其联系在一起的场院组成的。院落环境是人类在发展过程中，为适应自己生产和生活的需要而因地制宜改造出来的，因而具有明显的时代特征和地方特征。如北极爱斯基摩人的小冰屋、内蒙古草原的蒙古包、黄土高原的窑洞等。院落环境的污染主要来自生活"三废"（废气、废水、废渣）。

②村落环境。是农业人口聚居的地方。村落环境的多样性取决于自然条件的差异、农业活动的种类、规模和现代化程度的不同等。村落环境的污染主要来自农业污染和生活污染源，如化肥、农药、洗涤剂等。

③城市环境。是非农业人口聚居的地方，是人类利用和改造环境而创造出来的高度人工化的环境。城市化的发展在为居民提供了丰富的物质和文化生活的同时，也带来了严重的环境污染。城市化改变了大气的热量状况，城市化向大气、水中排放了大量的污染物质，导致地下水面下降等，城市规模越大，对环境的影响越严重。

④地理环境。是由人类生存、生活所必需的水、土壤、大气、生物等环境因子组成，与人类生活密切相关。这里有常温、常压的物理条件，适当的化学条件和繁茂的生物条件，为人类的生活和生产提供了大量的生活资料及可再生资源。

⑤地质环境。指地表之下的岩石圈。人类生产活动所需要的矿产资源都来自地质环境。随着人类生产活动的发展，越来越多的矿产资源被引入到地理环境中，其对地理环境的影响是不可低估的。这是环境保护中应引起重视的问题。

⑥星际环境。是由广阔的空间和存在于其中的各种天体以及弥漫物质组成的。人类所居住的地球大小适宜，距太阳远近适中，正处于"可居住区"，是迄今为止我们所知道的唯一有人类这样的高等生物居住的星球。地球上的现象与变化是受其他星球的作用和影响的，如地球上的潮汐受月亮的影响，气候受太阳黑子活动的影响，能源也主要来源于太阳的辐射能。目前环境科学对它的认识还很不足，是有待于进一步开发和利用的极其广阔的领域。

二、环境问题与环境科学的发展

1. 环境问题及其发展

所谓环境问题，是指由于环境受破坏而引起的后果，或者是引起破坏的原因。第一环境问题（原生环境问题）是由于自然界本身的变异造成的环境破坏，往往是区域性的或局部的。而人类的生产、生活活动等人为因素所引起的环境问题为第二环境问题（次生环境问题）。环境科学与环境保护所研究的主要对象是第二环境问题。环境问题是伴随着人类社会的产生而产生的，是随着人类社会的发展而加剧的，人类对环境问题的认识也是在人类社会的发展中不断加深的。

第二环境问题一般可分为两类：一是不合理开发利用自然资源，超出了环境承载力，使生态环境质量恶化或自然资源枯竭的现象；二是人口激增、城市化和工农业高速发展引起的环境污染和破坏。总之，第二环境问题是人类经济社会发展与环境的关系不协调所引起的问题。

人类是环境的产物，又是环境的改造者。人类在同自然界的斗争中，运用自己的智慧，通过劳动，不断改造自然，创造新的生存环境。由于人类的认识能力和科学技术水平的限制，在改造环境的过程中，往往会造成对环境的污染和破坏。因此，从人类开始诞生就存在着人与环境的对立统一关系，就出现了环境问题。随着人类社会的发展，环境问题也在发展变化，其发展大体经历了四个阶段：

第一阶段：环境问题的萌芽阶段（第一次工业革命以前）。

人类在诞生以后漫长的岁月里，只是天然食物的采集者和捕食者，对环境的影响不大。那时"生产"对自然环境的依赖十分突出，人类主要是以生活活动和生理代谢过程与环境进行物质和能量交换，原始地依赖和利用环境，而很少有意识地改造环境。在工业革命前，虽然也出现了城市和手工业作坊，但还没有大规模地开发利用自然资源。这段时期人与自然环境之间较为和谐，地球上大部分自然环境都保持着良好的生态。此时的环境问题主要是大量地砍伐森林、过度地放牧，引起严重的水土流失，水旱灾日益加重和土壤沙化、盐碱化、沼泽化等。

第二阶段：环境问题的恶化阶段（第一次工业革命至20世纪50年代）。

工业革命是生产发展史的一次伟大的革命。它大幅度地提高了劳动生产率，增强了人类利用和改造环境的能力，但也带来了新的环境问题。工业革命带来了矿业的开发和耗煤量的增加，造成了大气、水、土壤等环境污染，即工业革命带来了工业污染。20世纪20—40年代是环境问题（公害）的发展期。在此期间，石油和天然气的生产急剧增长，石油在燃料构成中的比例大幅度提高，内燃机的应用在世界各国得到发展。与此同时，汽车、拖拉机、各种动力机和机车用油的消费量猛增，重油在锅炉燃烧中得到广泛使用，由此使石油污染日趋严重。由于石油工业的快速发展，一系列工业（大型火力电站、炼焦工业、城市煤气业、石油和化学工业等）也相应地得到发展。一些工业发达的城市和工矿区的工业企业排出大量废弃物污染环境，使污染事件不断发生。总之，由于蒸汽机的发明和广泛使用，大工业的日益发展，生产力提高了，环境问题也随之发展且逐步恶化。

第三阶段：环境问题的第一次高潮（20世纪50—80年代）。

在此期间，不断出现震惊世界的公害事件。造成这些公害的因素主要有两个。一是人口迅猛增加，都市化进程加快；二是石油工业的崛起导致工业不断集中和扩大，能源消耗大增。而当时人们的环境意识还很薄弱，出现第一次环境问题高潮是不可避免的。在此历史背景下，1972年6月5日在瑞典首都斯德哥尔摩召开了"联合国人类环境会议"，会议通过了《联合国人类环境会议宣言》，提出了"只有一个地球"的口号，并把6月5日定为"世界环境日"。这次会议对人类认识环境问题来说是第一个里程碑。工业发达国家把环境问题摆上了议事日程。20世纪70年代中期环境污染得到有效的控制，使城市和工业区的环境质量有明显的改善。

第四阶段：环境问题的第二次高潮（20 世纪 80 年代初至今）。

这次高潮是随着环境污染和大范围生态破坏而出现的。人们共同关心的影响范围大和危害严重的环境问题有三类：一是全球性的大气污染，如全球变暖、臭氧层耗损和酸雨范围扩大；二是大面积的生态破坏，如森林被毁、淡水资源短缺、水土流失、草场退化、沙漠化扩展、野生动植物物种锐减、危险废物扩散等；三是突发性的严重污染事件迭起，如 2011 年日本地震和海啸引发的核泄漏事故等。与第一次高潮相比，第二次高潮中环境污染的影响范围广，对整个地球环境造成了严重危害，已威胁到全人类的生存和发展，阻碍经济的持续发展。就污染源而言，不仅分布广，而且来源复杂，要靠众多国家及地区以至全人类共同努力才能消除，这就极大地增加了解决问题的难度，而且突发的污染事件比之第一次高潮的"公害事件"污染范围大，造成的经济损失巨大。

2. 环境科学

（1）环境科学的概念。环境科学是一门新学科，至今只有四十余年的历史，是在人们亟待解决环境问题的社会需要下，迅速发展起来的，其发展速度是任何一门其他学科都无法比拟的。它是一门由多学科到跨学科的庞大科学体系组成的新兴学科，也是一门介于自然科学、社会科学和技术科学之间的边缘学科。环境科学可定义为"一门研究人类社会发展活动与环境演化规律的相互作用关系，寻求人类社会与环境协同演化、持续发展途径与方法的科学"。

（2）环境科学的研究对象及任务。环境科学的主体是人，与之相对的是围绕着人的生存环境，包括自然界的大气圈、水圈、岩石圈、生物圈。人的活动遵循社会发展规律，向自然界索取资源，产生出一些新的东西再返回给自然。自然环境本身具有它的发生和发展规律，而人类却要利用自然改造环境，因此两者之间存在矛盾。"人类与环境"系统就是人类与环境所构成的对立统一体，是一个以人类为中心的生态系统。环境科学就是以"人类与环境"系统为其特定的研究对象。

环境科学是研究"人类与环境"生态系统的发生、发展、预测、调控以及改造和利用的科学。环境科学的任务是研究在人类活动的影响下环境质量的变化规律和环境变化对人类生存的影响，以及改善环境质量的理论、技术和方法。

环境科学的研究可以分成两个层次：宏观上，研究人和环境相互作用的规律，由此揭示社会、经济和环境协调发展的基本规律；微观上，研究环境中的物质，尤其是人类活动产生的污染物，其在环境中的产生、迁移、转变、积累、归宿等过程及其运动规律，为保护环境的实践提供科学基础。还要研究环境污染综合防治技术和管理措施，寻求环境污染的预防、控制、消除的途径和方法，这些都是环境科学的任务。

（3）环境科学的分类。在 20 世纪 50 年代末，环境问题已成为全球性的重大问题。为解决重大的环境问题，世界上不同学科的专家对环境问题进行了合作调查和研究。他们发挥各自专业在理论和方法方面的优势，互相渗透、启发和补充，对传统学科提出了新的问题和挑战，成为学科发展中的新的生长点，逐渐出现了一些新的分支学科。到 20 世纪 70 年代，在这些分支学科的基础上产生了环境科学。

环境科学是综合性的新兴学科，下面按其性质和作用划分为三大部分：基础环境学、应用环境学和环境学。

①基础环境学。基础环境学是从各基础学科（数理化等）的角度应用本学科的理论和方法研究环境问题的学科分支，每一学科分支还包括若干更细的分支学科。如环境基础学中的环境物理学包括环境声学、环境光学、环境热学、环境电磁学和环境空气动力学等，环境基础学中的环境生物学包括环境微生物学、环境水生物学、污染生态学等。

②应用环境学。应用环境学是应用科学（如工程技术、管理科学等）运用于环境科学研究所形成的分支学科。它包括环境工程学、环境管理学、环境行为学、环境法学、环境经济学、环境规划学等。

其中，环境工程学是在人类同环境污染做斗争，保护和改善人类生存环境的过程中形成的一门交叉的新兴学科。它运用环境科学、工程学和其他有关学科的理论和方法来研究控制环境污染，保护和改善环境质量，合理利用自然资源的技术途径和技术措施。具体讲就是重点治理和控制废气、废水、噪声和固体废弃物，研究环境污染综合防治的方法和措施。因此，环境工程学的任务有两个：一是保护环境，消除人类活动对它的危害影响；二是保护人类，消除不良环境对身心的损害，使人类得以健康舒适地生存。

③环境学。环境学是环境科学的核心，是在 20 世纪 70 年代中期发展起来的，环境学是在人类生态学基础上，综合运用环境生物学、环境地学、经济学、社会学等各种基础理论，统一研究人类与环境相互作用的规律及其机理的科学。它包括理论环境学、部门环境学和综合环境学。

三、全球环境保护的发展历程

环境保护是一项范围广、综合性强，涉及自然科学和社会科学的许多领域，又有自己独特对象的工作。概括起来说，环境保护就是利用环境科学的理论与方法，协调人类和环境的关系，解决各种问题；是保护、改善和创建环境的一切人类活动的总称。

根据《中华人民共和国环境保护法》的规定，环境保护的内容包括"保护自然环境"与"防治污染和其他公害"两个方面。这就是说，要运用现代环境科学的理论和方法，在更好地利用自然资源的同时，充分认识污染破坏环境的根源和危害，有计划地保护环境，预防环境质量的恶化，控制环境污染，促进人类与环境的协调发展。

环境保护的目的是随着社会生产力的进步，在人类"征服"自然的能力和活动不断增加的同时，运用先进的科学技术，研究破坏生态系统平衡的原因，研究人为的原因对环境的影响和破坏，寻找避免和减轻破坏环境的途径和方法，化害为利，为人类造福。

1. 世界环境保护的发展历程

环境保护的发展历程，大致经历了限制污染物排放、被动末端治理、综合防治和经济与环境协调发展四个阶段。

20 世纪 50 年代，人们认识到污染物的大量排放对人类健康的巨大危害。但限于当时人们的认识水平，仅把这些严重的污染看作局部地区发生的"公害"，只是采取制定限制燃料使用量及污染物排放时间的一些限制性措施。

到 60 年代，一些发达国家的环境污染问题日益突出，尤其是工业污染物的大量排放，引起了水体、大气和土壤等的严重污染。为此，许多国家以污染的控制为目的，采取行政措施和法律手段对"三废"进行治理。如日本在 1967 年制定了《公害对策基本法》；美国国会在 1969 年通过了《国家环境政策法》等。在一定程度上使局部地区的环境污染问题得到了控制，但这种被动末端治理措施，收效并不显著。

70 年代，随着对环境问题认识的加深，环境保护也由单纯治理转向预防为主、防治结合的综合防治阶段。许多国家逐渐认识到环境污染危害的严重性及保护环境的重要性，采取了一系列综合防治措施，使环境污染问题得到了一定的控制，环境质量在一定程度上得到了改善。这一阶段以 1972 年 6 月 5～16 日在瑞典斯德哥尔摩召开的人类环境会议为标志，在世界范围内掀起了环境保护的高潮，并使人类认识到环境污染对人类和生态平衡产生的严重后果，人类生存环境的整体性危机以及地球资源的有限性。

80 年代，人们对环境问题的认识有了更大的飞跃，进入了经济发展与环境保护相协调，加强环境管理，进行区域综合防治的阶段。在这一阶段中，解决环境问题的突出特点是将环境作为经济发展的前提和基础来看待，注重资源利用、环境保护与经济同步发展，协调人类与环境的关系；在工程建设和开发活动中，开展环境影响评价和环境规划工作，强调合理的整体规划；加大环保投资力度，健全环保法律法规，加强环保意识的宣传和教育。同时，国际间的环境保护合作也得到空前发展。

1982 年在内罗毕召开的国际人类环境会议，通过了具有全球意义的《内罗毕宣言》，表明了人类社会经济发展必须以保护全球环境为基础的鲜明观点。1983 年第 38 届联合国大会通过并成立了世界环境与发展委员会。该委员会于 1987 年发表了《我们共同的未来》长篇报告。该报告指出了人类所面临的地球环境急剧改变和生态危机对全球的挑战，系统地分析了经济、社会、环境问题，并首次提出了被普遍接受的环境与经济增长相协调的可持续发展思想。1992 年，在巴西首都巴西利亚召开的由 183 个国家的代表团、102 个国家的元首（政府首脑）出席的联合国环境与发展大会，通过了《里约宣言》（即《联合国气候变化框架公约》）、《21 世纪议程》等纲领性文件，标志着环境保护进入了全新的时期。

《联合国气候变化框架公约》是世界上第一个为全面控制以二氧化碳为主的温室气体排放，以应对全球变暖给人类、经济和社会带来危害的国际公约，也是国际社会对付全球化环境问题的国际化合作的基本框架。1997 年在日本京都召开的《联合国气候变化框架公约》第三次缔约方大会，通过了国际性公约，即《京都议定书》，其目标是：在 2008—2012 年间，全球主要工业国家二氧化碳排放量比 1990 年的排放量平均低 5.2%。

特别是自 21 世纪以来，全球变暖的现象逐渐凸显，已威胁到人类的生存与社会的发展。考虑到《京都议定书》2012 年即将到期，2007 年 12 月联合国气候变化大会第 13 次缔约方会议在印度尼西亚巴厘岛举行，大会通过了"巴厘岛路线图"，其主要内容是：大幅度减少全球温室气体排放量，未来的谈判应考虑为所有发达国家（包括美国，因美国至今未签订《京都议定书》）设定具体的温室气体减排目标；发展中国家应努力控制温室气体排放增长，但不设具体目标；为了更好地应对全球变暖，发达国家有义务在技术开发和转让、资金支持等方面，向发展中国家提供帮助；在 2009 年之前，达成接替《京都议定书》旨在减缓全球变暖的新协议。

2009 年 12 月，《联合国气候变化框架公约》缔约方第 15 次大会在丹麦首都哥本哈根召开，商讨《京都议定书》一期承诺到期后的后续方案，就未来应对气候变化的全球行动签署一份新的《哥本哈根议定书》，这是一次被喻为"拯救人类的最后一次机会"的会议，参会国反应不一、分歧不断，会议未能达成法律约束性协议，但最终达成了《哥本哈根协议》，即 2010 年 1 月 31 日前，发达国家应向《联合国气候变化框架公约》秘书处提交或通报截至 2020 年的减排目标；发展中国家则可通报自愿减排计划或温室气体控制行动计划。截至 2010 年 2 月，共有 55 个国家向联合国提交了减排承诺，这些国家所排放气体占目前全球温室气体总排量的 78%。

2010 年 11 月 29 日至 12 月 10 日，《联合国气候变化框架公约》第 16 次缔约方会议在墨西哥的坎昆举行，会议经过艰难谈判、磋商，最终达成折中、平衡、模糊与灵活的"一揽子方案"，即《坎昆协议》，被认为是在重建未来谈判的信心上迈出坚实一步。《坎昆协议》的主要内容如下。①第二承诺期（即本期）：同意《京都议定书》工作小组应"尽早"完成第二承诺期的谈判工作，以"确保在第一承诺期和第二承诺期之间不出现空当"。②减排：巩固了各国在去年哥本哈根承诺的减排目标。③透明度：规定发达国家改善其排放量和减排行动的报告（包括每年提交排放清单，报告援助发展中国家减排资金情况等），同时规定发展中国家每两年进行一次排放和减排报告。④资金：会议决议设立"绿色气候资金"，帮助发展中国家适应全球气候变化；发达国家集体承诺提供新的和额外的"绿色气候资金"，在 2010—2012 年间募集 300 亿美元的快速启动资金，该资金优先提供给最脆弱的发展中国家；会议并承诺，在 2012—2020 年间，发达国家将联合募集 1000 亿美元"绿色气候资金"提供给发展中国家应对气候变化。

2011 年 11 月 28 日至 12 月 9 日《联合国气候变化框架公约》缔约方第 17 次大会在南非的德班举行，出席大会的有 200 个缔约方国家和地区及非政府组织，会议有两方面主要议题：一是首要解决《京都议定书》在第二承诺期是否能得以存续的重大、关键问题；二是落实 2010 年《坎昆协议》中的"绿色气候资金"的募集及供给。

在全球气候变化已成现实，并引发各种严重气候灾害的背景下，人类如何适应这一环境、减少损失、继续发展，只有加强国际间合作才能实现；而上述和今后的世界气候大会，将对全球环境保护、气候变化的走向产生决定性影响。

2. 中国环境保护的发展历程

环境保护在中国的历史源远流长。中华民族是有悠久历史文化的伟大民族，在古代文明史上长期处于世界的前列。在开发和利用自然环境和自然资源的过程中，逐步形成了一些环境保护的意识，这在《周礼》《左传》《尚书》《孟子》《荀子》《韩非子》《史记》等书中均有记载和反映。早在四千多年前大禹率众治水便是一项了不起的自然保护活动。但中国正式的环境保护事业起步较晚。1972 年 6 月，中国派出代表团出席了斯德哥尔摩的联合国人类环境会议。自此，中国把环境保护工作正式列入议程。

20 世纪 50—70 年代，中国相继颁布了有关文化古迹保护、矿产资源保护、水土保持、野生动物资源保护等一系列法规。

1973 年 8 月 5—20 日，国务院委托国家计委在北京召开了全国第一次环境保护会议，制定了中国环境保护的 32 字方针："全面规划，合理布局，综合利用，化害为利，依靠群众，大家动手，保护环境，造福人民"，会议还制定了《关于保护和改善环境的若干规定（试行草案）》。

从 1973 年以来，中国从中央到地方陆续建立了管理机构和科研教育机构。1984 年成立国务院环境保护委员会，并将城乡建设环境保护部环境保护局改为国家环境保护总局。各省（区）、市（地）县也成立了相应的环境保护局，形成了相应的环境管理体系。

1978年3月5日，五届全国人大一次会议通过的《中华人民共和国宪法》明确规定：国家保护环境和自然资源，防治污染和其他公害。

1979年9月13日，五届全国人大常委会第十一次会议通过了《中华人民共和国环境保护法（试行）》，并予以颁布。它是中国环境保护的基本法，为制定环境保护方面的其他法规提供了依据。它标志着中国环境保护工作开始走上法制的轨道。1982年12月4日，五届人大五次会议通过《中华人民共和国宪法》，这部宪法在环境保护方面的规定比较详细、具体。如"国家保护环境和改善生活环境和生态环境，防治污染和其他公害""国家保障自然资源的合理利用，保护珍贵的动物和植物""国家保护名胜古迹，珍贵文物和其他重要历史文化遗产"等。

1983年12月31日至1984年1月7日，国务院在北京召开了第二次全国环境保护会议，这次会议在总结过去十年环境保护工作经验教训的基础上，提出了到20世纪末中国环境保护工作的战略目标、重点、步骤和技术政策，宣布"保护环境是我国的一项基本国策"。

1989年召开的第三次全国环境保护会议上，在继续推行原来"三同时"制度、"环境影响评价"制度和"排污收费"制度的同时，又正式提出了环境管理的新五项制度："环境保护目标责任制""城市环境综合整治定量考核""排放污染物许可证制度""污染集中控制"和"污染限期治理"五项制度。前三项和后五项总称八项管理制度。

1989年12月26日，七届全国人大常委会第十一次会议通过环境保护法，并从公布之日起施行。该法的颁布标志着中国环境保护法制建设跨进了新阶段。新的《中华人民共和国环境保护法》把在实践中行之有效的制度和措施以法律的形式固定下来，这就形成了由环保专门法律、国家法规和地方法规相结合的环保法律法规体系。

1992年8月，在联合国环境与发展大会召开以后不久，党中央、国务院又批准了中国环境与发展的十大对策。这十大对策吸取了国际社会的新经验，总结了中国环境保护工作20余年的实践经验，集中反映了当前和今后相当长的一个时期中国的环境保护政策。这十大对策是：①实行持续发展战略；②采取有效措施，防治工业污染；③深入开展城市环境综合整治，认真治理城市"四害"；④提高能源利用效率、改善能源结构；⑤推广生态农业，坚持不懈地植树造林，切实加强生物多样性保护；⑥大力推行科技进步，加强环境科学研究，积极发展环保产业；⑦运用经济手段保护环境；⑧加强环境教育，不断提高全民族的环境意识；⑨健全环境法制，强化环境管理；⑩参照环发大会精神，制订中国行动计划。中国政府于1994提出了《中国21世纪议程》和《中国环境保护21世纪议程》，就人口、环境和发展制定了可持续发展的长远规划和具体目标，标志着中国的环境保护进入了一个新的历史阶段。

2000年9月6日开幕的以"把绿色带入21世纪"为宗旨的2000年中国国际环境保护博览会，充分展现了中国政府致力于保护环境的决心。国家将继续加强和完善环保政策，扩大环保投资，加快环保技术的国产化、专业化，推进环保产业化和污染治理市场化。

但由于种种复杂的原因，中国的环境保护仍面临着严峻的形势，生态破坏和环境污染问题并没有得到有效的控制，某些地区、某些方面的环境问题甚至有加剧的趋势。

正如《国家环境保护"九五"计划和 2010 年远景目标》中所指出的"中国环境保护工作虽然取得了多项进展，但形势仍然非常严峻。从总体上讲，以城市为中心的环境污染仍在发展，并急剧地向农村蔓延；生态破坏的范围在扩大，程度在加剧，环境污染和生态破坏越来越成为影响中国经济和社会发展全局的重要制约因素，成为人民群众日益关注的重要问题。"

中国环境保护 2010 年远景目标是：到 2010 年，可持续发展战略得到较好贯彻，环境管理法规体系进一步完善，基本改变环境污染和生态恶化的状况，环境质量有比较明显的改善，建成一批经济快速发展、环境清洁优美、生态良性循环的城市和地区。其中林业系统提出：未来 10 年将重点实施野生动植物拯救工程 10 个，新建野生动物植物监测中心 32 个，新建野生动物饲养繁育中心 15 个，建设国家湿地保护与合理利用示范区 22 个。使全国自然保护区总数达 1800 个，国家级自然保护区数量达到 180 个，自然保护区面积占国土面积的 16.14%。因此环境保护任务仍十分艰巨，任重而道远。

我国环保大会每五年召开一次，第六次大会于 2006 年 4 月在北京召开，会议提出要加快实现三个转变：一是从重经济增长轻环境保护转变为保护环境与经济增长并重，在保护环境中求发展；二是从环境保护滞后于经济发展转变为环境保护和经济发展同步努力做到不欠新账，多还旧账改变先污染后治理，边治理边破坏的状况；三是从主要用行政办法保护环境综合利用法律、经济技术和必要的行政办法解决环境问题，自觉遵循经济规律和自然规律，提高环境保护水平。

2011 年国务院印发了《"十二五"节能减排综合性工作方案》《国务院关于加强环境保护重点工作的意见》，国家环境保护部公布了《"十二五"全国环境保护法规和环境经济政策建设规划》并下发了《全国地下水污染防治规划（2011—2020 年)》等。

2011 年 12 月召开了第七次全国环境保护大会，本次大会除总结"十一五"环境保护工作外，重点部署"十二五"环境保护相关工作，"十二五"期间，国家将投资 3 万亿元用于环境保护事业和产业，我们相信，这些措施必将推动我国环境保护事业实现历史性的大转变、大繁荣、大发展。

第二节　环境生态学

近年来，由于人类对自然不合理的开发利用，以及工农业生产对环境造成的污染，使生态环境发生了一系列的变化，不同程度地改变了某些生态系统的结构和功能，破坏了生态平衡，严重地影响了某些生物种类的正常生长、发育和繁殖，也直接或间接地危及人类本身。因此在环境问题引起人们高度重视的同时，生态学问题就显得更加重要突出了。

一、生态学的基本概念

生态学是研究生物与它所存在的环境之间以及生物与生物之间相互关系的作用规律及

其机制的一门学科。生物包括植物、动物和微生物，环境包括非生物环境和生物环境。非生物环境由光、热、空气、水分和各种无机元素组成；生物环境由作为主体生物以外的其他一切生物组成。根据研究对象的不同，可分为植物、动物、微生物等生态学。环境问题被重视对生态学的发展产生了较大的影响，进而形成了污染生态学，成为环境科学的重要组成部分。

生态学的发展，大致可分为以下两个阶段：

1. 生物学分支学科阶段

20 世纪 60 年代以前，生态学只是生物学的一个分支学科，局限于研究生物与环境之间的相互关系。此时的生态学主要是以各大生物类群与环境相互关系为研究对象，因而出现了植物生态学、动物生态学、微生物生态学等生物学的分支学科。

2. 综合性学科阶段

20 世纪 60 年代以后，随着世界范围内环境问题的出现，人们更注重协调人类与自然的关系，探求可持续发展的有效途径，从而推动了生态学的发展，使生态学逐渐发展成为一门综合性的学科。

二、生态系统的组成

1. 生态系统的含义

系统是指由多个相互联系的部件组成的能够执行一定功能的整体。生态系统是指自然界一定空间内的生物与环境之间相互作用、相互制约、不断演变，达到动态平衡、相对稳定的统一整体，是具有一定结构和功能的单位。简单地说，生态系统是生物和环境之间进行物质和能量交换，并在一定时间内处于动态平衡的基本单位。

在生态系统中，各生物彼此之间，以及生物与非生物的环境因素之间互相作用，关系密切，而且不断进行着物质循环和能量流动。如果把地球上所有生存的生物和周围环境看作一个整体，那么这个整体就称为生物圈。它的范围自海面以下约 11km 到地面以上约 10km。目前人类所生活的生物圈内有无数大小不同的生态系统。一个复杂的大生态系统中又包含无数个小的生态系统，如湖泊、河流、海洋、森林、高山、平原、城市、矿区等，都可以构成不同的生态系统。生态系统虽然有大和小、简单和复杂之分，但其结构和功能都相似，都是自然界的一个基本活动单元。生物圈就是由无数个形形色色、丰富多彩的生态系统有机地组合而成。因此可以说，生物圈是地球上最大的生态系统，其余的生态系统都是构成生物圈的基本功能单元。

2. 生态系统的组成

生态系统可分为两大类：一类是生物成分；另一类是非生物成分。

（1）生物成分。生物成分包括生产者、消费者和分解者。

①生产者。生产者主要指能进行光合作用制造有机物的绿色植物，也包括光能合成细胞、单细胞的藻类，以及一些能利用化学能把无机物变为有机物的化学能自养微生物等。生产者利用太阳能或化学能把 CO_2、H_2O 和无机盐转化成有机物，太阳能转化成化学能，不仅供自身发育的需要，而且它本身也是整个生态系统中食物和能量的供应者。

②消费者。消费者是指直接或间接利用绿色植物所制造的有机物质作为食物和能量来源的各种动物、某些寄生和腐生的菌类等。按食性差别分为直接以植物为食的一级消费者（草食动物）、以草食动物为食的肉食动物为二级消费者、以二级消费者为食物的称为三级消费者，以此类推。它们之间形成一个以食物联结起来的连锁关系，称为食物链。消费者虽然不是有机物的最初生产者，但在生态系统的物质与能量的转化过程中，也是一个极为重要的环节。

③分解者。分解者又称还原者，主要是指细菌和真菌等微生物和土壤中的小型动物。分解者的作用就在于把生产者和消费者的残体分解为简单的物质，再供给生产者。所以，分解者对生态系统中的物质循环，具有非常重要的作用。

（2）非生物成分。非生物成分是指生态系统中的原料部分（温度、阳光、水、土壤、气候、各种矿物质），媒质部分（水、土壤、空气等）和基质（岩石、泥、沙等），是生态系统中生物赖以生存的物质和能量的源泉及活动场所。

以上各个组成部分，构成了一个有机的统一体，相互间沿着一定的循环途径，不断进行着物质循环和能量交换，在一定的条件下，保持着动态平衡。生态系统是一个开放的动态系统。

3. 生态系统的类型

生态系统在自然界中是多种多样的：①生态系统按人为干预程度不同，可分为自然生态系统（如原始森林），半自然生态系统（如放牧的草原、人工森林、养殖湖泊、农田等）和人工生态系统（如城市、矿区、工厂等）。②生态系统根据环境条件的不同，通常分为水生生态系统和陆地生态系统。水生生态系统包括海洋、河流、湖泊和沼泽等水域，根据水体的理化性质又可分为海洋和淡水生态系统；陆地生态系统包括陆地上的各类生物群落，根据地理位置、水、热等条件及植被状况可分为森林、草原、荒漠和高山等生态系统。

地球上最大的生态系统是生物圈。生物圈是指所有生物存在的地球部分，它是由无数小的生态系统组成的。生物圈与人类的生存和发展密切相关。

生态系统都有各自的结构和一定形式的能量流动与物质循环关系。无数小的生态系统的能量流动和物质循环系统，组成整个自然界总的能量流动和物质循环系统。

三、生态平衡

1. 生态平衡

在一定的时期内，生产者、消费者、分解者之间保持着一定的和相对的动态平衡状态，也就是说系统的能量流动和物质循环能在较长时期内保持稳定，这种平衡状态称为生态平衡。生态平衡包括结构上的平衡，功能上的平衡以及能量和物质输入、输出数量上的平衡等。生态系统的各组成部分按一定的规律运动或变化，能量不断地流动，物质不断地循环，整个系统都处于动态之中。显然，生态平衡是动态平衡。

生态系统之所以能够保持相对的平衡状态，主要是由于生态系统内部具有一定的自动调节的能力。当系统的某一部分出现了机能的异常，就可能被其他部分的调节所抵消。生态系统的这种自动调节并维持平衡的能力，是经过环境中发生物理、化学和生物化学一系列变化而实现的，这个过程称为环境的自净作用。如大气和河流均具有一定的对污染物的自净能力。系统的组成成分越多样，能量流动和物质循环的途径越复杂，其调节能力就越强。但是，一个生态系统的调节能力再强，也是有一定限度的，超出这一限度，生态平衡就会遭到破坏。

2. 生态系统的功能

（1）生态系统的能量流动。地球上一切生物所需的能量来自太阳。生物将太阳能收集和储存起来，并在利用后散逸到空间去，这一过程称为能量流动。这是生态系统中的一个重要机能。绿色植物利用太阳能进行光合作用制造有机物质，把太阳能（光能）转变为化学能储存在这些物质中，这种绿色植物所特有的能量转化过程，称为光合作用，是能量流动的起点。能量流动是通过生物食物链和食物网的方式进行的。生态系统能量流动如图1-1所示。

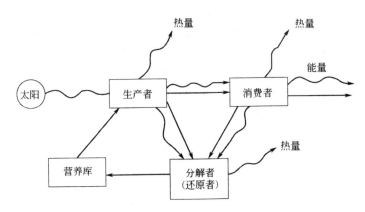

图1-1 生态系统的能量流动

（2）生态系统的物质循环。任何生态系统的各个组成部分之间不断进行着物质循环。生态系统的物质循环是伴随着能量流动进行的。但能量流动是单向性的、不可逆的过程，消耗后变成热量而耗散。而营养物质是不会消失的，可为植物重新利用。与生态环境关系密切的主要有水、碳、氮、硫四种物质的循环。

3. 生态平衡的破坏

生态平衡的破坏，有自然因素和人为因素。

（1）自然因素。自然因素是指自然界突发的和慢性的自然灾害，如水灾、旱灾、地震、台风、山崩、泥石流、海啸等，常在短期内使生态系统遭到破坏，它在时间和空间上有其局限性，受破坏的生态系统在一定时期内一般能够自然恢复和更新。由这类原因引起的生态平衡破坏称为第一环境问题。

（2）人为因素。人为因素主要是指人类对自然资源的不合理利用，工、农业发展带来的环境污染等，由这些原因引起的生态平衡的破坏，称为第二环境问题。人为因素是破坏生态平衡的主要原因。

①环境因素发生改变。人类的活动使环境因素发生改变，一个重要方面是人们向环境

输入大量的污染物质，使环境质量恶化，产生近期效应或远期效应，使生态平衡失调或遭到破坏。另一个方面是对自然和自然资源的不合理利用，如不合理地毁林开荒、不合理地围湖造田等，改变了当地的地形、植被和水文等环境因素。

②生物种类发生改变。引进或消灭某些生物种群会引起生态平衡的破坏。在一个生态系统中增加一个物种，有可能使生态平衡遭受破坏。如澳大利亚原来并没有兔子，1859年，一个名叫托马斯·奥斯汀的大财主从英国带回 24 只兔子，放养在自己的庄园里供打猎用。引进后，由于没有天敌予以适当限制，致使兔子大量繁殖，在短短的时间内，繁殖的数量相当惊人，遍布数千万亩田野。该地区原来长满的青草和灌木，全被兔子吃光，再也不能放牧牛羊，田野一片光秃，土壤无植物保护而被雨水侵蚀，给农作物等造成的损失每年多达 1 亿美元，生态系统受到严重破坏。

2003 年在山东微山湖畔发现，20 年前引进的原产于南美洲亚马孙河流域的壳薄肉多的食用福寿螺，在这里已泛滥成灾，严重破坏了当地的生态平衡，大量秧苗受害，当地农民的忧虑之情溢于言表。

据统计，约有上百种外来物种给中国农业的生态系统、生物多样性保护和人类健康等造成了不良影响。在外来植物中，水花生能使水稻、小麦、玉米三种作物产量损失分别达 45％、36％、19％，紫茎泽兰含有的毒素能引起马和羊的气喘病，仅几种主要外来入侵物种造成的经济损失平均每年就高达 574 亿元。俗称"食人草"的大米草，在黄河入海口地区造成泛滥，成灾面积多达 1.3 万亩，零星可见成草面积达 5 万亩以上，草籽漂流面积在 10 万亩以上。大米草所到之处，贝类、蟹类、鱼类等多种生物因窒息而死亡，而其发达的根系又堵塞航道，给运输、渔业生产等带来诸多不便。

在一个生态系统中减少一个物种，也可能使生态平衡遭受到破坏。中国 20 世纪 50 年代曾大量捕杀麻雀，致使有些地区出现了严重的虫害，这就是由于害虫的天敌——麻雀被捕杀所带来的直接后果。另外，收割式的砍伐森林等，都会因某物种的数量减少或灭绝而使生态平衡遭到破坏。

③信息系统的破坏引起生态平衡破坏。生物种群依靠彼此之间的信息联系，才能保持集群性和正常的繁殖活动。如果我们人为地向环境中施放某种信息，造成信息系统的紊乱和破坏，就有可能使生态平衡遭受破坏。有些雌性昆虫在繁殖时将一种体外激素——性激素，排放于大气中，有引诱雄性昆虫的作用。如果人们向大气中排放的污染物与这种激素发生化学反应，性激素失去引诱雄性昆虫的作用，昆虫的繁殖就会受到影响，种群数量会下降，甚至消失。

这些人为因素都能破坏生态系统的结构和功能，引起生态平衡的破坏，甚至造成生态危机，进而直接或间接地危害人类本身。

生态平衡是一种客观的存在。人类应努力利用生态系统及其平衡的规律，即利用生态学的原理和思想去规划经济活动，进而去创造具有更高生物生产力的新的生态系统——建立生态系统的最佳平衡。

四、生态学在环境保护中的作用

随着社会生产力的发展水平提高、人口的迅速增长，人类在开发利用自然资源的过程中，对环境造成严重的污染，引起生态平衡的失调。人类终于认识到必须按照生态规律来指导人类的生产实践和一切经济活动，必须全面、综合地维护生态系统的平衡，自觉地遵循自然规律，才能解决当今世界面临的环境问题，才能建立并保持新的生态平衡系统。

1. 全面考察人类活动对环境的影响

处于一定时空范围内的生态系统都有其特定的能量流动和物质循环规律。只有顺从并利用这些自然规律来改造自然，即在不违背生态学一般规律的前提下发展生产，才能既产生出最大的经济效益，又保持生态环境的最佳状态。如果置生态学规律于不顾，就会适得其反。下面以中国三峡工程为例，说明上述认识的重要性。

举世瞩目的三峡工程，曾引起很大争议，其焦点之一就是如何全面考察三峡工程对生态环境的影响。长江是中国最大的河流，虽然长江流域的水资源、内河航运、工业总产值都在全国占有相当的比重，但长江经常发生峰高量大、持续时间长的暴雨洪水，兴建三峡工程，可有效地控制长江中下游地区的洪水，减轻洪水对人民生命财产的威胁和对生态环境的破坏；长江三峡水电站建成后，可节约原煤 40Mt；还可以改善长江航道，提高长江的航运效益，减轻对环境的污染。但是按三峡工程大坝正常蓄水 175m 的水位，将淹没四川、湖北两省的 19 个县市，移民达 72 万人；淹没耕地 235 万亩、工厂 657 家和一些风景名胜。建三峡大坝后，三峡沿岸地少人多，可能加剧水土流失，使水库中泥沙淤积。如果没有适当的措施，一些洄游鱼类的生长繁殖将受到影响。1992 年全国人民代表大会经过认真热烈的讨论之后，认为兴建三峡工程利大于弊，投票通过了关于兴建三峡工程的议案，从经济效益和生态效益两方面，统筹兼顾时间和空间，贯彻了整体和全局的生态学中心思想。

2. 生物对污染环境的净化作用

生物与污染的环境之间，也存在着相互影响和相互作用的关系。生态系统的生产者、消费者和分解者在不断进行能量流动和物质循环过程中，当污染物进入生态系统后，对系统的平衡产生了冲击。由于系统具有保持其自身稳定的能力，在污染的环境作用于生物体的同时，生物也同样作用于环境，使污染的环境得到一定程度的净化。这就是生态系统的自净作用（又称反馈调节）。正是运用这种生物与环境之间的相互关系，充分发挥生物的净化能力。

（1）生物对大气污染物的净化作用。大气污染物的生物净化是利用生态学原理大量栽培具有净化大气能力的乔木、灌木和草坪，协调生物与大气环境之间的关系。通过建立完善的城市防污绿化体系，以达到净化大气的目的。

绿色植物不仅具有调节气候、保持水土、防风固沙等作用，而且可以利用植物吸收大气中的二氧化碳，放出氧气，对降尘和飘尘有滞留和过滤作用，能吸收大气中的有害物质等。此外，植物还有减轻光化学污染、吸收和净化某些重金属、减少空气中的含菌量以及降低噪声的作用。

（2）生物对水体污染的净化作用。水体污染的生物净化，是利用生态学原理，协调水生生物与水体环境之间的变化，充分利用水生生物的净化作用，使水体环境得以净化。

进入到河流、湖泊、水库、海洋等水体中的污染物，在水体中细菌、真菌、藻类、水草、原生动物、贝类、鱼类等生物的作用下，可以发生不同程度的分解和转化，变成低毒或无毒无害物质，这个过程称为水体的生物净化作用。其中，以细菌的作用最为重要。

利用水生植物和藻类共生的氧化塘，处理生活污水和工业废水可取得较好的效果。水生植物可通过附着、吸收、积累和降解，净化水体中的有机污染物和重金属。利用氧化塘净化污水，实际上就是建立一个人工生态系统。在好氧塘中，好氧微生物可以把污水中的有机物分解成 CO_2、H_2O、NH_4^+ 和 PO_4^{3-} 等，藻类以此作为营养物质大量繁殖，其光合作用释放出的 O_2 提供了好氧微生物生存的必要条件，而其残体又被好氧微生物分解利用。

目前，生物的净化作用已广泛应用到污水的处理中，如活性污泥法、生物膜法、生物氧化塘等，都是利用微生物能分解有机物这一原理设计的。在天然水体中，这种分解过程比较缓慢，并消耗大量的水中溶解氧。此外，分解的能力是有一个限度的，当污染物浓度过高、超过生物生存的阈值时整个生态系统的功能就会受到冲击，水体的生物自净作用往往也会遭到破坏。除上述微生物以外，许多水生植物也能吸收水中的有害物质。

（3）土地—植物系统对污染物的净化作用。土地—植物系统对污染物的净化作用是通过以下几方面来实现的：

①植物根系的吸收、转化、降解和合成作用。

②土壤中的真菌、细菌和放线菌等微生物区系对污染物的降解、转化和生物固定作用。

③土壤中的动物区系对含有氮、磷、钾的有机物质的代谢作用。

（4）生物对防治病虫害的作用。传统的防治病虫害的方法是施加农药。该法存在着不利影响，如农药会直接或间接危害人体健康；很多农药难于被生物降解，长期残留在果实或土壤中；长期施用一种农药，会使害虫产生抗性；在杀灭害虫的同时，也严重伤害害虫的天敌益鸟和益虫。

生物防治就是用生物或生物产物来防治有害生物的方法。生物防治方法主要有以虫治虫和以菌治虫两种。

所谓以虫治虫，就是利用天敌防治有害生物的方法，如一些病虫害的天敌有草蛉、瓢虫、蜘蛛、蛙、蟾蜍、食蚊鱼、寄生蜂和许多食虫益鸟等。

以菌治虫就是利用病原微生物在害虫种群中引起流行病以达到控制害虫的目的。这些可以利用的微生物有细菌、真菌和病毒。如利用绿僵菌防治棉铃虫、稻苞虫、玉米螟；利用白僵菌防治大豆食心虫、玉米螟；利用赤小蜂防治蔗螟等。目前发现的昆虫病原性病毒也很多，如多角体病毒，可用于防治棉花、白菜等作物上的鳞翅目幼虫等。

此外，还有利用耕作防治（改变农业环境）、不育昆虫防治（控制害虫繁殖能力）和遗传防治（改变昆虫的基因）等方法。

3. 污染物在环境中的迁移转化规律

污染物进入环境后不是静止不变的，而是随着生态系统的物质循环，在复杂的生态系统中不断地迁移、转化、积累和富集。生物在代谢过程中，通过吸附、吸收等各种过程，从其生存环境中蓄积某些化学元素或化合物，并随生物的生长发育，生物体内污染物的浓度不断增大。此外，污染物质在生态系统中通过食物链的放大作用，也会富集。通过对污染物在生态系统中迁移、转化规律的研究，可以弄清污染物对环境危害的范围及其后果。

如在日本发生的"水俣病"，就是人食用富集了大量有机汞的鱼所引起的，这个食物链的关系是：汞通过"浮游生物—小鱼—食肉鱼—人"这一食物链逐级富集，最后传递给人类。

4. 环境质量的生物监测与生物评价

（1）生物监测。目前主要通过化学分析和仪器分析的方法监测环境质量。化学分析和仪器分析的优点是速度快、单因子检测准确度高。但由于中国经济条件的限制，目前还无法进行连续监测，这样就很难反映出环境质量的真实状况；另外，化学分析和仪器分析方法一般只能监测单因子污染物的污染状况，无法对实际环境中多种污染物质造成的综合污染状况进行监测。因此，用单因子污染的效果说明多种污染物质的综合污染状况往往不是很准确。

不同的生物物种对环境毒物、污染物及其含量有不同的反映和变化。所谓生物监测，就是利用生物对环境中污染物质的反映，也就是生物在污染环境中所发生的信息，来判断环境污染状况的一种方法。而被用来监测、评价环境质量及其变化、污染程度的生物称作指示生物。如地衣、苔藓和某些种子植物可监测大气污染，一些藻类、浮游生物和鱼类可监测水体污染，土壤藻类和螨类可监测土壤污染。监测生物所发出的各种信息包括受害症状、生长发育受阻、生理机能改变及形态解剖学变化等。所以，生物污染物的反应包括个体反应、种群反应和群落反应。通过这些反应的具体表现，可以判断环境中污染物的种类，通过反应的强度，可以判断环境受污染的程度。

与化学监测和仪器监测相比，生物监测与生物评价不仅可以反映环境和物质的综合影响，而且还能反映出环境污染的历史状况。

（2）生物评价。生物评价是指用生物学原理，按一定方法对一定范围内的环境质量进行评定和预测。

植物长期生活在大气环境中，其生理功能与形态特征常常受大气污染作用而发生改变，大气中某些污染物会被植物叶片吸收，并在叶片中积累。这些变化可以在一定程度上指示大气污染状况。正是由于植物长期生活在一个固定的地方，所以它指示的大气污染状况具有很强的代表性。

水生生物与它们生存的水环境是相互依存、相互影响的统一体。当水体受到污染时，必然会对生存在其中的水生生物产生这样那样的影响，水生生物因此也会产生不同的反应和变化，人们利用这种反应和变化就可作为评价水质的指标，这是水环境质量生物学评价的基本依据和原理。

由于生物学评价的样品采集和分析都比较简单，一般部门都具备采用生物学评价的必要手段。因此，生物学评价受到各地的广泛重视。通常采用的生物学评价的方法有指示生物法、生物指数法和种类多样性指数法等。生物评价的范围可以是一个工厂、一座城市、一条河流或湖泊，也可以是一个更大的区域。由于生态系统的适应性地区差异较大，因此生物评价方法一般较难统一，不能明确指出具体污染物的性质和含量。

5. 以生态学规律指导经济建设

以往的工农业生产大多是单一的过程，既没有考虑与自然界物质循环系统的相互关系，又往往在资源和能源的耗用方面，片面强调单纯的产品最优化问题，因此给生态环境带来大量废物，甚至是有毒废弃物，以致造成环境的严重污染与破坏。其结果既浪费资源和能源，又影响环境生态系统的平衡。

解决这个问题较理想的办法就是应用生态系统的物质循环原理，建立闭路循环工艺，实现资源和能源的综合利用，杜绝浪费和无谓的损耗。闭路循环工艺就是把两个以上流程组合成一个闭路体系，使一个过程的废料和副产品成为另一个过程的原料。这种工艺在工业和农业上的具体应用就是生态工业和生态农业。

五、中国的生态环境建设总体目标

中国的生态环境保护的形势相当严峻，表现为全社会生态环境意识不强，生态保护能力薄弱，生态破坏的范围还在扩大，这已成为国民经济持续协调发展的严重阻碍。中国政府一再强调要加快环境与资源保护的法制建设，要把改善生态、保护环境作为经济发展和提高人民生活质量的重要内容，加强生态建设，遏制生态恶化，加大环境保护和治理力度，提高城乡环境质量。

1999 年 1 月初国务院常务会议讨论通过了由国家计委组织有关部门制定的《全国生态环境建设规划》。中国生态建设的总体目标是：用大约 50 年的时间，动员和组织全国人民，依靠科学技术，加强对现有天然林及野生动植物资源的保护，大力开展植树种草，治理水土流失，防治沙漠化，建设生态农业，改善生产和生活条件，加强综合治理力度，完成一批对改善全国生态环境有重要影响的工程，扭转生态环境恶化势头。环境保护部从1999 年起实施"33211"工程，即重点治理"三河"（淮河、海河、辽河）、"三湖"（太湖、巢湖、滇池）的水污染，"两区"（二氧化硫污染控制区和酸雨污染控制区）的大气污染，着力强化"一市"（首都北京市）和保护"一海"（渤海）的环境保护工程。加强以京津风沙源和水源为重点的治理和保护，建设环京津生态圈。继续建设"三北"、沿海、珠江等防护林体系，加速营造速生丰产林和工业原料林。力争到 21 世纪中叶，森林覆盖率达 26％以上，大部分地区生态环境明显改善，基本实现中华大地山川秀美。

中国环境保护和生态建设在"十一五"取得快速发展的基础上，"十二五"（2011—2015 年）期间主要强调环境保护和生态建设与经济协调发展。总的目标是：建设生态文明，基本形成节约能源、资源保护和生态环境的产业结构、增长方式、消费模式；循环经济形成较大规模，可再生能源比重显著上升；主要污染排放物得到有效控制，生态环境质量明显改善；生态文明观念在全社会牢固树立。

思考题

1. 什么是环境？其分类有哪些？
2. 环境问题的发展分为哪几个阶段？
3. 什么是生态系统？生态系统由哪几部分组成？
4. 试讨论如何改善生态环境。

第二章　环境管理及保护

学习目标

通过本章学习，了解环境管理的概念和主要内容，熟悉环境管理的手段、环境管理的主体、环境管理的任务、环境管理的职能、环境管理的方法、政府部门在环境保护中的职能、环境管理的发展、环境保护的法规。

第一节　环境管理概述

一、环境管理的概念和内容

环境管理既是一门学科，又是一个工作领域。作为一门学科，环境管理是环境科学与管理科学交叉渗透的产物，是环境科学一个重要的学科分支。作为工作领域，它是环境保护工作的一个重要组成部分。

1. 环境管理的概念及特点

（1）环境管理的含义

关于环境管理的含义现在尚无一致的看法，一般可概括为：运用经济、法律、技术、行政及教育等手段，限制（或禁止）人们损害环境质量的活动，鼓励人们改善环境质量；通过科学规划、综合决策，使经济发展与环境保护相协调，达到既能发展经济满足人类的基本需求，又不超出资源与生态环境承载力的目的。

环境管理的核心是遵循生态规律与经济规律，正确处理经济增长与环境保护的关系。在进行综合决策时，使经济目标与环境目标相协调。环境是经济增长的物质基础，又是经济增长的制约条件，经济增长有可能给环境带来污染与破坏，但也只有在经济、技术不断发展的基础上才可能不断改善环境质量。关键在于通过全面规划和合理开发利用自然资源，使经济、技术、社会相结合，发展与环境相协调。

在"人类—环境"系统中，人是主导的一方，在发展与环境的关系中，人类的经济活动是主要方面。所以，环境管理的实质是影响人的行为，促使人类转变经济发展模式，实现生态环境可承受的经济发展，达到在经济持续快速发展的同时，仍能保持生态环境质量良好。

（2）环境管理的特点

环境管理有 3 个显著的特点：综合性、区域性和参与性。

1）综合性

现代环境管理是环境科学与管理科学、管理工程交叉渗透的产物，具有高度的综合性。表现在以下两个方面：

①环境管理对象和内容的综合性

环境管理以"人类—环境"系统为对象，涉及社会环境质量和自然环境质量以及由社会、科学技术、管理、政治、法律、经济等组成的管理系统。这个复杂的系统包含着很多子系统，许多既相互依存又相互制约的因素处在一个有机整体中。其中任何一个因素发生变化或不协调，都将影响其他因素，甚至失去平衡而发生问题。这个特点要求环境管理工作必须从整体出发，运用系统分析的方法进行综合管理。

②环境管理手段的综合性

环境管理的实质是对人的行为施加影响，使之符合生态规律的要求，维护人类生存发展所必需的环境质量。对降低（或损害）环境质量的行为要加以限制（或禁止），对保护和改善环境质量的行为要充分鼓励。限制、禁止或鼓励要采取经济、法律、技术、行政和教育等多种手段并要综合加以运用，例如对向环境中排放污染物这种行为，要限制或禁止它就要制定恰当的标准，要有相应的立法以及排污收费、罚款等经济手段，还要进行宣传教育。

2）区域性

环境问题由于自然背景、人类活动方式、经济发展水平和环境质量标准的差异，存在着明显的区域性，因而区域性成为环境管理的一个重要特点。从我国的情况来看更为突出，由于我国幅员辽阔，地形、地貌、地质情况复杂，东南临海，西北高原；南方多雨，北方干旱，各省、市、区之间自然环境有很大的不同，同时各地区的人口密度不同，经济发展速度、能源资源的多寡也不同，污染源密度、生产力布局以及管理水平也有差别，环境特征有明显的差异性、区域性。这决定了环境管理必须根据区域环境特征，因地制宜采取不同的措施，以地区为主进行环境管理。

3）参与性

全人类各自都在一定的环境空间内生存，环境是人类生存的物质基础，而其活动又影响和干扰环境，让人们学会爱护和重视环境是非常重要的。如：控制对植物群和动物群的开发；地球大气环境和水环境保护；节能和尽量采用无废技术；不属于城镇管辖领域的土地合理利用；狩猎和渔业管理；良好的公共卫生；生态系统和生物圈生产能力的维护以及人口增长的控制等。所有这些重要的环境问题，如果没有公众的合作是难以解决的。因此，参与性是环境管理的又一重要特点。所有的环境专家都认为，要解决环境问题不能仅凭技术，并且除了考虑法律、经济等手段外，宣传教育的作用非常重要。只有通过环境教育，使人们认识到必须保护环境和合理利用环境资源，才能控制和成功地改善环境。

2. 环境管理的主要内容

此处涉及的环境管理是广义的环境管理，是需要整个国家的各个部门协同动作，各负其责才能完成的任务。因而它的内容涉及各个方面。为便于研究，下面从两个方面进行简要的介绍：

（1）从环境管理的范围来划分

1）资源（生态）管理

资源（生态）管理主要是自然资源的合理开发利用和保护，包括可更新（再生）资源的恢复和扩大再生产（永续利用），以及不可更新（再生）资源的节约利用。资源管理当前遇到的危机主要是资源的不合理使用和浪费。当资源以已知最佳方式来使用，以求达到社会所要求的目标时，考虑到已知的或预计的经济、社会和环境效益进行优化选择，那么，资源的使用是合理的。资源的不合理使用是由于没有谨慎地选择资源使用的方法和目的，浪费是不合理使用的一种特殊形式。不合理使用和浪费有两个结果："掠夺"和"枯竭"。对不可更新（再生）资源来说尤为明显，而且也包括植物和动物种类的灭绝。因此，有必要合理利用和保护现有资源，并尽力采取对环境危害最小的发展技术。远期目标是，进一步研究如何根据长期综合性计划以及大气、水、土地三种资源的经济与社会价值，来设计一种新的社会经济系统——低消耗、高效益的社会经济系统。

2）区域环境管理

区域环境管理包括整个国土的环境管理、大经济协作区的环境管理、省区的环境管理、城市环境管理、乡镇环境管理以及流域环境管理等，主要是协调区域经济发展目标与环境目标，进行环境影响预测，制定区域环境规划。涉及宏观环境战略及协调因子分析，研究制定环境政策和保证实现环境规划的措施，同时进行区域的环境质量管理与环境技术管理，按阶段实现环境目标。长远的目标是在理论研究的基础上，建立优于原生态系统的、新的人工生态系统。

3）部门环境管理

部门环境管理包括能源环境管理、工业环境管理（如化工、轻工、石油、冶金等的环境管理）、农业环境管理（如农、林、牧、渔的环境管理）、交通运输环境管理（如高速公路环境管理、城市交通环境管理）、商业及医疗环境管理等。

（2）从环境管理的性质来划分

1）环境计划管理

"经济建设、城乡建设与环境建设同步规划、同步实施、同步发展"的战略方针，在社会主义市场经济条件下仍是环境保护的重要指导方针。强化环境管理首先要从加强环境计划管理入手。通过全面规划协调发展与环境的关系，加强对环境保护的计划指导，是环境管理的重要内容。环境计划管理首先是研究制定环境规划，使之成为经济社会发展规划的有机组成部分，并将环境保护纳入综合经济决策；然后是执行环境规划、制订年度计划，用环境规划指导环境保护工作，并根据实际情况检查调整环境规划。

2）环境质量管理

为了保持人类生存与发展所必需的环境质量而进行的各项管理工作。为便于研究和管理，也可将环境质量管理分为几种类型。如：按环境要素划分，可分为大气环境质量管理、水环境质量管理、土壤环境质量管理。按照性质划分，可分为化学环境质量管理、物理环境质量管理、生物环境质量管理。环境质量管理的一般内容包括：制定并正确理解和实施环境质量标准；建立描述和评价环境质量的恰当的指标体系；建立环境质量的监控系统，并调控至最佳运行状态；根据环境状况和环境变化趋势的信息，进行环境质量评价，定期发布环境状况公报（或编写环境质量报告书）以及研究确定环境质量管理的程序等。

３）环境技术管理

通过制定技术政策、技术标准、技术规程以及对技术发展方向、技术路线、生产工艺和污染防治技术进行环境经济评价，以协调经济发展与环境保护的关系。使科学技术的发展，既有利于促进经济持续快速发展，又对环境损害最小，有利于环境质量的恢复和改善。

环境保护部门经常进行的环境技术管理工作有：①制定环境质量标准、污染物排放标准以及其他的环境技术标准；②对污染防治技术进行环境经济综合评价，推广最佳实用治理技术；③对环境科学技术的发展进行预测、论证，明确方向重点，制定环境科学技术发展规划等。所有这些都属于环境技术管理中的一部分，更重要的是把环境管理渗透到科学技术管理、各行各业的技术管理以及企业的技术管理过程中去。

３．环境管理的手段

（１）法律手段

法律手段是环境管理的一个最基本的手段，依法管理环境是控制并消除污染，保障自然资源合理利用并维护生态平衡的重要措施。目前，我国已初步形成了由国家宪法、环境保护法与环境保护有关的相关法、环境保护单行法和环保法规等组成的环境保护法律体系。一个有法必依、执法必严、违法必究的环境保护执法风气已在全国逐步形成。

（２）经济手段

经济手段是指运用经济杠杆、经济规律和市场经济理论促进和诱导人们的生产、生活活动遵循环境保护和生态建设的基本要求。例如国家实行的排污收费、生态环境补偿、污染损失赔偿等就属于环境管理中的经济手段。

（３）技术手段

技术手段是指借助那些既能提高生产率又能把对环境的污染和生态破坏控制在最小限度的技术以及先进的污染治理技术等来达到保护环境的目的。例如，国家制定的环境保护技术政策、推广的环境保护最佳实用技术等就属于环境管理中的技术手段。

（４）行政手段

行政手段是指国家通过各级行政管理机关、根据国家的有关环境保护方针政策、法律法规和标准，而实施的环境管理措施。如对污染严重而又难以治理的企业实行的关、停、并、转、迁等就属于环境管理中的行政手段。

（５）教育手段

教育手段是指通过基础的、专业的和社会的环境教育、不断提高环保人员的业务水平和社会公民的环境意识，来实现科学管理环境以及提倡社会监督的环境管理措施。例如各种专业环境教育、环保岗位培训、环境社会教育等就属于环境管理中的教育手段。

二、环境管理的主体及任务

1. 环境管理的主体

环境管理的主体是指环境管理活动中的参与者和相关方。由于环境问题的形成源自人类的经济社会活动，而人类经济社会活动的主体可以分为政府、企业和公众，因此，政府、企业和公众就是环境管理的主体。

政府是环境管理的主导力量，环境管理是政府的一项核心职能。在环境管理中，政府的主要作用是：

（1）负责建立健全环境保护基本制度。拟订并组织实施国家环境保护政策、规划，起草法律法规草案，制定部门规章。组织编制环境功能区划，组织制定各类环境保护标准、基准和技术规范，组织拟订并监督实施重点区域、流域污染防治规划和饮用水水源地环境保护规划，按国家要求会同有关部门拟订重点海域污染防治规划，参与制订国家主体功能区划。

（2）负责重大环境问题的统筹协调和监督管理。牵头协调重特大环境污染事故和生态破坏事件的调查处理，指导协调地方政府重特大突发环境事件的应急、预警工作，协调解决有关跨区域环境污染纠纷，统筹协调国家重点流域、区域、海域污染防治工作，指导、协调和监督海洋环境保护工作。

（3）承担落实国家减排目标的责任。组织制定主要污染物排放总量控制和排污许可证制度并监督实施，提出实施总量控制的污染物名称和控制指标，督查、督办、核查各地污染物减排任务完成情况，实施环境保护目标责任制、总量减排考核并公布考核结果。

（4）负责提出环境保护领域固定资产投资规模和方向、国家财政性资金安排的意见，按国务院规定权限，审批、核准国家规划内和年度计划规模内固定资产投资项目，并配合有关部门做好组织实施和监督工作。参与指导和推动循环经济和环保产业发展，参与应对气候变化工作。

（5）承担从源头上预防、控制环境污染和环境破坏的责任。受国务院委托对重大经济和技术政策、发展规划以及重大经济开发计划进行环境影响评价，对涉及环境保护的法律法规草案提出有关环境影响方面的意见，按国家规定审批重大开发建设区域、项目环境影响评价文件。

（6）负责环境污染防治的监督管理。制定水体、大气、土壤、噪声、光、恶臭、固体废物、化学品、机动车等的污染防治管理制度并组织实施，会同有关部门监督管理饮用水水源地环境保护工作，组织指导城镇和农村的环境综合整治工作。

（7）指导、协调、监督生态保护工作。拟订生态保护规划，组织评估生态环境质量状况，监督对生态环境有影响的自然资源开发利用活动、重要生态环境建设和生态破坏恢复工作。指导、协调、监督各种类型的自然保护区、风景名胜区、森林公园的环境保护工作，协调和监督野生动植物保护、湿地环境保护、荒漠化防治工作。协调指导农村生态环境保护，监督生物技术环境安全，牵头生物物种（含遗传资源）工作，组织协调生物多样性保护。

（8）负责核安全和辐射安全的监督管理。拟订有关政策、规划、标准，参与核事故应急处理，负责辐射环境事故应急处理工作。监督管理核设施安全、放射源安全，监督管理核设施、核技术应用、电磁辐射、伴有放射性矿产资源开发利用中的污染防治。对核材料的管制和民用核安全设备的设计、制造、安装和无损检验活动实施监督管理。

（9）负责环境监测和信息发布。制定环境监测制度和规范，组织实施环境质量监测和污染源监督性监测。组织对环境质量状况进行调查评估、预测预警，组织建设和管理国家环境监测网和全国环境信息网，建立和实行环境质量公告制度，统一发布国家环境综合性报告和重大环境信息。

（10）开展环境保护科技工作，组织环境保护重大科学研究和技术工程示范，推动环境技术管理体系建设。

（11）开展环境保护国际合作交流，研究提出国际环境合作中有关问题的建议，组织协调有关环境保护国际条约的履约工作，参与处理涉外环境保护事务。

（12）组织、指导和协调环境保护宣传教育工作，制定并组织实施环境保护宣传教育纲要，开展生态文明建设和环境友好型社会建设的有关宣传教育工作，推动社会公众和社会组织参与环境保护。

企业既是环境管理的主体，也是环境管理的对象。在内部环境管理中，企业是环境管理的主体，在外部管理中，企业对外接受环境管理、环境监督和环境执法，是环境管理的对象。作为环境管理的主体，企业的主要作用是：

（1）实施国家和地方有关环境保护法律、法规、标准和制度，承担企业环境保护责任，履行企业环境保护义务，保证企业可持续发展。

（2）建立企业内部环境管理体制、机制和制度，落实企业各部门、各环节的环境任务和责任。

（3）负责企业内部环境管理的监督、检查和绩效考核。

（4）制定和实施企业环境保护方针、政策、规划和行动计划。

（5）负责企业内部环境管理培训和环境管理能力建设，积极参与企业与外部的交流与合作。

公众是环境管理的核心主体，是政府和企业环境管理行为的监督者和评判者。公众在环境管理中的主要作用是：

（1）自觉履行公众的环境责任和义务，遵守环境保护法律、法规和制度，自觉缴纳环境方面的各种费用，如污水处理费、垃圾服务费、卫生费等。

（2）积极参与地方环境建设与环境管理活动，对地方环境建设与环境管理提建议和意见。

（3）对政府和企业的环境管理行为进行监督，检举和揭发各种环境违法、违规行为。

（4）倡导环境友好生活模式，遵循绿色消费准则。

（5）热爱环境、爱护自然。

2．环境管理的任务

（1）**环境污染的控制**

环境污染的来源主要为以下几个方面。

1）工农业生产活动产生的污染

①工业生产过程中排出的废水、废气、废渣、粉尘以及产生的噪声、恶臭、振动、辐射等，是工业污染的主要来源，特别是化工、轻工、冶金、电力、建材、交通等行业是我国排污的重点行业，应是我国环境管理的一个重要内容。

②农业生产使用的化肥、农药、除草剂、农膜等是农业污染的主要来源。化肥的不合理使用引起土壤结构破坏，还造成水体污染，引起富营养化等问题；农药使用不当易污染土壤、空气、粮食作物、杀灭有益生物、造成生物链破坏等；近几年塑料农膜的使用大量增加，而农膜破损后大量残留在农田中，很长时间不分解，对农作物的生长带来危害，农膜的污染已形成全球性的"白色污染"，目前已引起了各国的高度重视，正积极采取措施解决这个问题。

③生产事故引起的污染。近几年由生产事故引发的突发性严重污染事件时有发生，这类由生产事故引起的污染并不是由废物造成，而是作为生产资料的一些有毒有害物质对环境的污染。如海洋沉船事故造成的泄油污染，化工厂有毒气体泄漏造成的大气污染，核电站泄漏造成的辐射（放射）污染等。这类污染发生突然，影响严重，危害很大，环境管理对此类污染关键是要做好预防工作，消除隐患，做好应急准备及处置对策措施。

2）生活活动产生的污染

人类生活过程中会产生烟尘、废水、废气、噪声、废物等，如烧煤产生的有害气体、炉渣，日常生活中丢弃的废物如蔬菜、废纸、废塑料、洗涤废水等，娱乐活动中的超强度音乐以及公共场所的嘈杂喧哗等，近几年由于第三产业的发展，这类污染已呈加重趋势，逐步纳入了环境管理的范围中，加强对这类污染的控制也是今后环境管理的一个重要内容。

3）开发建设活动产生的污染

①大型的水利建设工程、铁路、公路干线、机场、港口、码头、电厂等建设活动造成的污染和破坏。

②工业区、开发区、旅游区、新城镇建设对环境的污染和影响。

③核电站建设、海洋油气资源的开发以及地矿资源开发对环境的污染和影响。如核电站的核废料、矿藏开发的废水、尾矿等。对于开发建设活动产生的污染，重点是要做好环境影响评价，坚持"三同时"制度，在开发建设的同时，有效地防治环境的污染和破坏，避免不当开发对环境造成不良影响。

（2）自然生态破坏的监督

1）动植物资源的保护

动物和植物是整个自然生态系统中最重要的主体，保护动植物资源对维护自然生态平衡具有重要意义。环境管理要监督动植物资源的开发活动和进出口活动，采取措施保护濒危物种，建设和管理自然保护区，打击破坏野生动植物资源的行为。

2）资源开发活动对自然生态的影响

大型的森林、滩涂、湿地、草地、海洋渔业、矿山、水力等资源的开发都会对自然生态带来不同程度的影响，从而导致生态环境的破坏。环境管理要对这类活动进行监督，使开发活动控制在一个合理的范围内（不超过环境承载力），并督促开发者对生态造成的不良影响采取恢复补救措施。

3）建设活动对自然生态的影响

铁路、高速公路、大的工业区建设活动占用土地、破坏植被、影响自然风景和人文景观等。

4）特殊的自然历史遗迹、地质地貌景观等要划定严格的保护范围，防止人为开发建设活动等的破坏

（3）国际环境合作与交流的管理

1）国际环境的经济技术合作

包括世界银行、亚洲开发银行、全球环境基金会、联合国环境规划署、联合国技术开发署、世界野生动物基金会、世界自然保护同盟、全球环境监测网等国际机构和组织与我国在环境方面有较广泛的经济与技术合作。

2）国家间、地区间的合作与交流

主要指国家政府之间在环境保护方面的合作与交流，这类活动旨在协调国家之间在某些环境问题上采取共同的立场或共同的措施，也有环境方面的技术合作或资金援助或对区域性共同的环境问题进行研究。

3）国际环境公约履约活动

为解决世界各国面临的一些共同性的环境问题，许多国家共同缔结了有关环境保护的国际公约，如《关于防止臭氧层破坏的维也纳公约》《关于禁止废物越境转移的巴塞尔公约》《气候变化框架公约》《生物多样性公约》《森林公约》等。环境保护国际公约在国内的实施，需要各有关部门的配合协调，有的公约需要环保部门承担国际公约在国内履约活动的组织协调工作，督促各部门落实履约的方案。总之，环境管理的范围很宽，涉及众多部门和行业。因此，必须要有各部门的分工合作、配合协调才能实现有效的管理，环境保护行政主管部门要坚持统一监督管理与各部门分工负责的原则，在切实履行自己职责的同时，充分发挥各有关部门的积极作用，齐抓共管，各司其职，共同促进环境保护事业的发展。

三、环境管理的职能与方法

1．环境管理的职能

我国环境保护部的职能配置为统筹协调、宏观调控、监督执法和公共服务 4 个方向，参与国家的宏观决策已成其核心职能。具体而言有以下 13 项职责：

（1）负责建立健全环境保护基本制度

拟订并组织实施国家环境保护政策、规划，起草法律法规草案，制定部门规章。组织编制环境功能区划，组织制定各类环境保护标准、基准和技术规范，组织拟订并监督实施重点区域、流域污染防治规划和饮用水水源地环境保护规划，按国家要求会同有关部门拟订重点海域污染防治规划，参与制订国家主体功能区划。

（2）负责重大环境问题的统筹协调和监督管理

牵头协调重特大环境污染事故和生态破坏事件的调查处理，指导协调地方政府重特大突发环境事件的应急、预警工作，协调解决有关跨区域环境污染纠纷，统筹协调国家重点

流域、区域、海域污染防治工作，指导、协调和监督海洋环境保护工作。

（3）承担落实国家减排目标的责任

组织制定主要污染物排放总量控制和排污许可证制度并监督实施，提出实施总量控制的污染物名称和控制指标，督查、督办、核查各地污染物减排任务完成情况，实施环境保护目标责任制、总量减排考核并公布考核结果。

（4）审批和监督固定资产投资项目，指导推动循环经济和气候变化工作

负责提出环境保护领域固定资产投资规模和方向、国家财政性资金安排的意见，按国务院规定权限，审批、核准国家规划内和年度计划规模内固定资产投资项目并配合有关部门做好组织实施和监督工作。参与指导和推动循环经济和环保产业发展，参与应对气候变化工作。

（5）承担从源头上预防、控制环境污染和环境破坏的责任

受国务院委托对重大经济和技术政策、发展规划以及重大经济开发计划进行环境影响评价，对涉及环境保护的法律法规草案提出有关环境影响方面的意见，按国家规定审批重大开发建设区域、项目环境影响评价文件。

（6）负责环境污染防治的监督管理

制定水体、大气、土壤、噪声、光、恶臭、固体废物、化学品、机动车等的污染防治管理制度并组织实施，会同有关部门监督管理饮用水水源地环境保护工作，组织指导城镇和农村的环境综合整治工作。

（7）指导、协调、监督生态保护工作

拟订生态保护规划，组织评估生态环境质量状况，监督对生态环境有影响的自然资源开发利用活动、重要生态环境建设和生态破坏恢复工作。指导、协调、监督各种类型的自然保护区、风景名胜区、森林公园的环境保护工作，协调和监督野生动植物保护、湿地环境保护、荒漠化防治工作。协调指导农村生态环境保护，监督生物技术环境安全，牵头生物物种（含遗传资源）工作，组织协调生物多样性保护。

（8）负责核安全和辐射安全的监督管理

拟订有关政策、规划、标准，参与核事故应急处理，负责辐射环境事故应急处理工作。监督管理核设施安全、放射源安全，监督管理核设施、核技术应用、电磁辐射、伴有放射性矿产资源开发利用中的污染防治。对核材料的管制和民用核安全设备的设计、制造、安装和无损检验活动实施监督管理。

（9）负责环境监测和信息发布

制定环境监测制度和规范，组织实施环境质量监测和污染源监督性监测。组织对环境质量状况进行调查评估、预测预警，组织建设和管理国家环境监测网和全国环境信息网，建立和实行环境质量公告制度，统一发布国家环境综合性报告和重大环境信息。

（10）开展环境保护科技工作

组织环境保护重大科学研究和技术工程示范，推动环境技术管理体系建设。

（11）开展环境保护国际合作交流

研究提出国际环境合作中有关问题的建议，组织协调有关环境保护国际条约的履约工作，参与处理涉外环境保护事务。

（12）组织、指导和协调环境保护宣传教育工作

制定并组织实施环境保护宣传教育纲要，开展生态文明建设和环境友好型社会建设的有关宣传教育工作，推动社会公众和社会组织参与环境保护。

（13）承办国务院交办的其他事项。

1. 环境管理的方法

（1）环境管理的一般方法

环境管理在解决各种环境问题的过程中，不论是依靠事先的规划，防止这些问题的发生，还是出现问题以后采取相应的对策，都需要运用科学的方法，寻求解决环境问题的最佳方案。下列步骤是环境管理方法的一般程序，大致可分为 5 个阶段，见图 2-1。

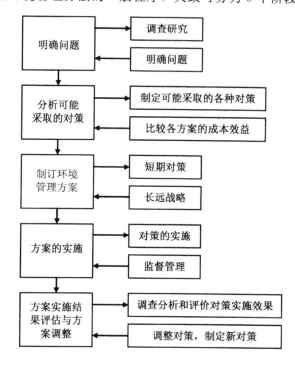

图 2-1　环境管理方法的一般程序

图 2-1 中的各种步骤可以通过不同的方法进行，而这些步骤之间虽相互关联，但并非总是依次相连的。所要解决的环境问题不同，其步骤和相关的顺序也不尽相同。

（2）环境管理的预测方法

在环境管理过程中，经常要进行污染物排放量增长预测，环境污染趋势预测，生态环境质量变化趋势预测，经济、社会发展的环境影响预测以及环境保护措施的环境效益与经济效益预测等。预测是一种科学的预计和推测过程。根据过去和现在已经掌握的事实、经验和规律，预测未来、推测未知。所以，预测是在调查研究或科学实验基础上的科学分析，包括：通过对历史和现状的调查和科学实验获得大量资料、数据，然后经过分析研究，找出能反映事物变化规律的可靠信息，借助数学、电子计算技术等科学方法，进行信息处理和判断推理，找出可以用于预测的规律。环境管理的预测就是根据预测规律，对人类活动将会引起的环境质量变化趋势（未来的变化）进行预测。

预测技术（预测方法）在环境管理中的应用日益广泛。经常应用的预测技术有以下3种：

①定性预测技术根据过去和现在的调查研究和经验总结，经过判断、推理，对未来的环境质量变化趋势进行定性分析。

②定量预测技术对经济、社会发展的环境影响预测，如：能耗增长的环境影响预测、水资源开发利用的环境影响预测等，只做定性的预测分析，不能满足制定环境对策的要求，这就需要进行定量的预测分析，包括：通过调查研究、长期的观察实验、模拟实验、统计回归等方法找出排污系数或万元产值等标污染负荷；根据大量的调查和监测资料找出污染增长与环境质量变化的相关关系，建立数学模型或确定出可用于定量预测的系数（如响应系数）进行预测。

③评价预测技术用于环境保护措施的环境经济评价；大型工程的环境影响评价；区域综合开发的环境影响评价等。

（3）环境管理的决策方法

环境管理的核心问题是决策，没有正确的决策就没有正确的环境政策和规划。决策是根据对多种方案综合分析后选择的最佳方案（满足某一目标或两个以上目标的要求）。经常遇到的是环境规划工作过程中的决策，如为达到某一规划期的环境目标，有多个可供选择的环境污染控制方案，究竟哪一种方案是最佳方案；或预计某年达到某一环境目标，而再分成若干阶段并有分阶段的环境目标，为实现分阶段的目标及最后实现总目标，可组成多种方案，究竟哪一种方案是最佳方案；或是在制定环境规划时统筹考虑环境效益、经济效益和社会效益，进行多目标决策等，这些都是制定环境规划过程中所要进行的决策。常用的数学方法有线性规划、动态规划及目标规划等。此外，还有环境政策的决策方法以及环境质量管理的决策方法等。

（4）环境管理的其他科学方法

系统分析方法，费用、效益分析方法，层次分析法，目标管理等科学方法是环境管理的几种方法。这些方法在环境管理上的应用日益广泛并逐渐形成了自己的特点。如用层次分析法进行环境规划指标体系的研究，用于参数筛选和分指标权值的确定，在实践中已取得了成功的经验；层次分析法用于污染治理技术的综合评价，优选出最佳可行技术，也很成功。环境目标管理是目标管理方法在环境管理中应用而出现的一种新的方法，现在已形成了一种行之有效的制度。

第二节　相关政府职能部门在环境保护中的职能

环境保护部是国务院环境保护事业的行政主管部门。由于环境保护工作综合性强，牵涉面广，国务院其他部委的职能也都和环境保护事业密切相关。其他部委在环境保护方面的主要职能分述如下：

一、国家发展和改革委员会

国家发改委在环境保护方面的主要职能是：

①综合分析经济社会与资源、环境协调发展的重大战略问题，促进可持续发展。

②承担国务院节能减排工作领导小组日常工作，负责节能减排综合协调，拟订年度工作安排并推动实施，组织开展节能减排全民行动和监督检查工作。

③组织拟订并协调实施能源资源节约、综合利用和发展循环经济的规划和政策措施，组织拟订资源节约年度计划。

④拟订节约能源、资源综合利用和发展循环经济的法律法规和规章；履行《节约能源法》《循环经济促进法》《清洁生产促进法》规定应由该委承担的有关职责。

⑤研究提出环境保护政策建议，负责该委内环境保护工作的综合协调，参与编制环境保护规划，组织拟订促进环保产业发展和推行清洁生产的规划和政策，指导拟订相关标准。

⑥提出资源节约和环境保护相关领域及城镇污水、垃圾处理中央财政性资金安排意见以及能源资源节约、综合利用、循环经济和有关领域污染治理重点项目国家财政性补助投资安排建议；审核相关重点项目和示范工程，组织新产品、新技术、新设备的推广应用。

⑦负责节约型社会建设工作，组织协调指导推动全社会节约资源和可持续消费相关工作。

⑧组织开展能源资源节约、综合利用和循环经济宣传工作。

⑨组织开展能源资源节约、综合利用、循环经济和环境保护的国际交流与合作。

二、水利部

水利部在环境保护方面的主要职能是：

①负责保障水资源的合理开发利用，拟定水利战略规划和政策，起草有关法律法规草案，制定部门规章，组织编制国家确定的重要江河湖泊的流域综合规划、防洪规划等重大水利规划。按规定制定水利工程建设有关制度并组织实施，负责提出水利固定资产投资规模和方向、国家财政性资金安排的意见，按国务院规定权限，审批、核准国家规划内和年度计划规模内固定资产投资项目；提出中央水利建设投资安排建议并组织实施。

②负责生活、生产经营和生态环境用水的统筹兼顾和保障。实施水资源的统一监督管理，拟订全国和跨省、自治区、直辖市水中长期供求规划、水量分配方案并监督实施，组织开展水资源调查评价工作，按规定开展水能资源调查工作，负责重要流域、区域以及重大调水工程的水资源调度，组织实施取水许可、水资源有偿使用制度和水资源论证、防洪论证制度。指导水利行业供水和乡镇供水工作。

③负责水资源保护工作。组织编制水资源保护规划，组织拟订重要江河湖泊的水功能区划并监督实施，核定水域纳污能力，提出限制排污总量建议，指导饮用水水源保护工作，指导地下水开发利用和城市规划区地下水资源管理保护工作。

④负责节约用水工作。拟订节约用水政策，编制节约用水规划，制定有关标准，指导和推动节水型社会建设工作。

⑤指导水文工作。负责水文水资源监测、国家水文网站建设和管理，对江河湖库和地下水的水量、水质实施监测，发布水文水资源信息、情报预报和国家水资源公报。

⑥指导水利设施、水域及其岸线的管理与保护，指导大江、大河、大湖及河口、海岸滩涂的治理和开发，指导水利工程建设与运行管理，组织实施具有控制性的或跨省、自治区、直辖市及跨流域的重要水利工程建设与运行管理，承担水利工程移民管理工作。

⑦负责防治水土流失。拟订水土保持规划并监督实施，组织实施水土流失的综合防治、监测预报并定期公告，负责有关重大建设项目水土保持方案的审批、监督实施及水土保持设施的验收工作，指导国家重点水土保持建设项目的实施。

⑧负责重大涉水违法事件的查处，协调、仲裁跨省、自治区、直辖市水事纠纷，指导水政监察和水行政执法。依法负责水利行业安全生产工作，组织、指导水库、水电站大坝的安全监管，指导水利建设市场的监督管理，组织实施水利工程建设的监督。

三、住房与城乡建设部

住房与城乡建设部在环境保护方面的主要职能是：

①拟订城市建设和市政公用事业的发展战略、中长期规划、改革措施、规章。

②指导城市供水、节水、燃气、热力、市政设施、园林、市容环境治理、城建监察等工作。

③指导城镇污水处理设施和管网配套建设。

④指导城市规划区的绿化工作。

⑤承担国家级风景名胜区、世界自然遗产项目和世界自然与文化双重遗产项目的有关工作。

⑥承担推进建筑节能、城镇减排的责任。会同有关部门拟订建筑节能的政策、规划并监督实施，组织实施重大建筑节能项目，推进城镇减排。

四、农业部

农业部在环境保护方面的主要职能是：

①管理农业资源、农村环境保护和能源工作。

②指导农业资源、农村能源的综合利用。

③主管全国农业资源区划工作。

④依法或根据授权负责农用地、渔业水域、草原、滩涂、湿地以及农业生物资源的保护和管理。

⑤参与村镇建设规划。

五、工业和信息化部

工业和信息化部在环境保护方面的主要职能是：

①拟订并组织实施工业、通信业的能源节约和资源综合利用、清洁生产促进政策。

②参与拟订能源节约和资源综合利用、清洁生产促进规划，组织协调相关重大示范工程和新产品、新技术、新设备、新材料的推广应用。

六、国家林业局

国家林业局在环境保护方面的主要职能是：

①负责全国林业及其生态建设的监督管理。拟订林业及其生态建设的方针政策、发展战略、中长期规划和起草相关法律法规并监督实施。制定部门规章、参与拟订有关国家标准和规程并指导实施。组织开展森林资源、陆生野生动植物资源、湿地和荒漠的调查、动态监测和评估，并统一发布相关信息。承担林业生态文明建设的有关工作。

②组织、协调、指导和监督全国造林绿化工作。制定全国造林绿化的指导性计划，拟订相关国家标准和规程并监督执行，指导各类公益林和商品林的培育，指导植树造林、封山育林和以植树种草等生物措施防治水土流失工作，指导、监督全民义务植树、造林绿化工作。承担林业应对气候变化的相关工作。承担全国绿化委员会的具体工作。

③承担森林资源保护发展监督管理的责任。组织编制并监督执行全国森林采伐限额，监督检查林木凭证采伐、运输，组织、指导林地、林权管理，组织实施林权登记、发证工作，拟订林地保护利用规划并指导实施，依法承担应由国务院批准的林地征用、占用的初审工作，管理重点国有林区的国有森林资源，承担重点国有林区的国有森林资源资产产权变动的审批工作。

④组织、协调、指导和监督全国湿地保护工作。拟订全国性、区域性湿地保护规划，拟订湿地保护的有关国家标准和规定，组织实施建立湿地保护小区、湿地公园等保护管理工作，监督湿地的合理利用，组织、协调有关国际湿地公约的履约工作。

⑤组织、协调、指导和监督全国荒漠化防治工作。组织拟订全国防沙治沙、石漠化防治及沙化土地封禁保护区建设规划，参与拟订相关国家标准和规定并监督实施，监督沙化土地的合理利用，组织、指导建设项目对土地沙化影响的审核，组织、指导沙尘暴灾害预测预报和应急处置，组织、协调有关国际荒漠化公约的履约工作。

⑥组织、指导陆生野生动植物资源的保护和合理开发利用。拟订及调整国家重点保护的陆生野生动物、植物名录，报国务院批准后发布，依法组织、指导陆生野生动植物的救护繁育、栖息地恢复发展、疫源疫病监测，监督管理全国陆生野生动植物猎捕或采集、驯养繁殖或培植、经营利用，监督管理野生动植物进出口。承担濒危物种进出口和国家保护的野生动物、珍稀树种、珍稀野生植物及其产品出口的审批工作。

⑦负责林业系统自然保护区的监督管理。在国家自然保护区区划、规划原则的指导下，依法指导森林、湿地、荒漠化和陆生野生动物类型自然保护区的建设和管理，监督管理林业生物种质资源、转基因生物安全、植物新品种保护，组织协调有关国际公约的履约工作。按分工负责生物多样性保护的有关工作。

七、国家安全生产监督管理总局

国家安全生产监督管理总局在环境保护方面的主要职能是：

①组织起草安全生产综合性法律法规草案，拟订安全生产政策和规划，指导协调全国安全生产工作，分析和预测全国安全生产形势，发布全国安全生产信息，协调解决安全生产中的重大问题。

②承担国家安全生产综合监督管理责任，依法行使综合监督管理职权，指导协调、监督检查国务院有关部门和各省、自治区、直辖市人民政府安全生产工作，监督考核并通报安全生产控制指标执行情况，监督事故查处和责任追究落实情况。

③承担工矿商贸行业安全生产监督管理责任，按照分级、属地原则，依法监督检查工矿商贸生产经营单位贯彻执行安全生产法律法规情况及其安全生产条件和有关设备（特种设备除外）、材料、劳动防护用品的安全生产管理工作，负责监督管理中央管理的工矿商贸企业安全生产工作。

④承担中央管理的非煤矿矿山企业和危险化学品、烟花爆竹生产企业安全生产准入管理责任，依法组织并指导监督实施安全生产准入制度；负责危险化学品安全监督管理综合工作和烟花爆竹安全生产监督管理工作。

⑤制定和发布工矿商贸行业安全生产规章、标准和规程并组织实施，监督检查重大危险源监控和重大事故隐患排查治理工作，依法查处不具备安全生产条件的工矿商贸生产经营单位。

⑥负责组织国务院安全生产大检查和专项督查，根据国务院授权，依法组织特别重大事故调查处理和办理结案工作，监督事故查处和责任追究落实情况。

⑦负责组织指挥和协调安全生产应急救援工作，综合管理全国生产安全伤亡事故和安全生产行政执法统计分析工作。

第三节　环境管理的发展

环境管理是一个区域性、综合性都很强的学科和工作领域。由于各国各地区经济社会条件的差异以及环境意识的高低不同，环境管理的发展水平也存在着很大的差异。

一、环境管理的一般发展趋势

在污染排放阶段，环境管理的概念比较模糊，人类社会并没有真正认识到其各项活动对环境的影响。随着污染排放的增加，局部环境污染问题变得越来越突出，由于社会压力和环境污染造成的局部损失，污染者不得不开始约束自己的排污行为，这时环境管理进入以强化污染治理为核心的阶段，这个阶段的另外一个特征是环境保护法律、法规开始使用并不断健全，社会和污染者的环境意识开始得到提高。在这个阶段，环境保护对污染者而言，是生产的一个负担，治理环境需要大量的投资，而治理的直接回报很小。进入回收利用阶段后，污染者开始考虑如何通过加强环境管理减少资源消耗，并通过回收增加资源的利用率，减少治理污染的损失。但这个阶段，环境污染的治理还是末端的、被动的。进入清洁生产阶段后，污染者开始使用全过程法控制排污或可能出现的排污，是环境管理由末端被动变为以预防为主的主动行为。可持续发展是环境管理追求的最高境界，这不仅要求生产活动少消耗、不排污，而且要求生产活动要体现代内和代际公平的问题，要实现生产活动不能给其他地方或后代造成环境问题。

二、环境管理技术的发展

环境管理技术从大的方面看主要包括浓度控制和总量控制。环境管理最初采用的是浓度控制技术，如图 2－2 所示。

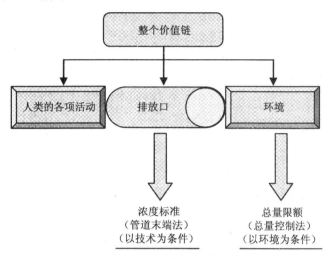

图 2－2 环境管理的浓度控制与总量控制技术

在最初管理环境时，人们几乎都采用了以排放口为核心的浓度控制方法，该方法的一个显著特点就是认为制定排放标准，通过排放标准控制排放口，从而实现保护环境的目的。但是现实并不像人们想象的简单，以排放口为核心的浓度控制方法并没有很有效地控制环境恶化的趋势，其主要原因是排放标准大多是以当时的生产技术条件为基础的，而且排放标准只能控制排放污染物的浓度，并不能控制进入环境的污染物总量。为此，一种以环境质量为前提的总量控制方法逐步得到应用和推广。这种方法的主要优点是以环境的使用功能为目标，控制进入环境的污染物总量。这种方法在实际运用中的主要优点是以环境的使用确定环境的纳污能力。为此，很多国家目前并没有采用环境容量总量控制，而是采取了更为灵活的目标总量控制方法。

三、环境管理方式的发展

人们最初采用的环境管理方式是指令式的或强制式的（Command－and－Control），这种方法的主要特点是以有关环境法律、法规和标准为依据，强令排污者或环境破坏者达到有关要求。这种方法对控制环境恶化，解决短期内的环境问题起到了很好的作用。但是，环境问题是一个很复杂的问题，解决环境问题仅靠强制性措施是不够的，要彻底解决民族问题依靠全社会的自觉和高度的环境责任感。为此，目前很多发达国家开始使用一些更有利于调动人们积极性、自愿式的（Voluntary）、能够达到更高环境目标的新的管理方法，如图 2－3 所示。

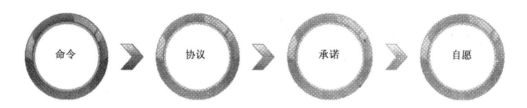

图 2 - 3 环境管理方式的发展

四、环境管理手段的发展

环境管理的手段起初以行政命令为主。行政手段是行政机构以命令、指示、规定等形式作用于直接管理对象的一种手段。行政手段的主要特征是：①权威性。行政机构具有权威性，行政手段具有强效性。②强制性。行政机构发出的命令、指示、规定等将通过国家机器强制执行，管理对象必须绝对服从，否则将受到制裁和惩罚。③规范性。行政机构发出的命令、指示、规定等必须以文件或法规的形式予以公布和下达。

随着环境管理的发展，基于市场的经济手段逐渐发展起来。经济手段是指利用价值规律，运用价格、税收、信贷等经济杠杆，控制生产者在资源开发中的行为，以便限制损害环境的社会经济活动，奖励积极治理污染的单位，促进节约和合理利用资源，充分发挥价值规律在环境管理杠杆中的作用。环境管理经济手段主要包括各级环境管理部门对积极防治环境污染而在经济上有困难的企业、事业单位发放环境保护补助资金；对排放污染物超过国家规定标准的单位，按照污染物的种类、数量和浓度征收排污费；对违反规定造成严重污染的单位和个人处以罚款；对排放污染物损害人群健康或造成财产损失的排污单位，责令对受害者赔偿损失；对积极开展"三废"综合利用、减少排污量的企业给予减免税和利润留成的奖励；推行开发、利用自然资源的征税制度等。

随着环境管理的发展，尤其是全社会环境意识的提高，环境信息公开和公众参与逐渐成为环境管理的一个重要手段。环境信息公开主要包括政府和企业向公众公开各种环境信息。环保部门应当在职责权限范围内向社会主动公开以下 17 个方面的环境信息：①环境保护法律、法规、规章、标准和其他规范性文件；②环境保护规划；③环境质量状况；④环境统计和环境调查信息；⑤突发环境事件的应急预案、预报、发生和处置等情况；⑥主要污染物排放总量指标分配及落实情况，排污许可证发放情况，城市环境综合整治定量考核结果；⑦大、中城市固体废物的种类、产生量、处置状况等信息；⑧建设项目环境影响评价文件受理情况，受理的环境影响评价文件的审批结果和建设项目竣工环境保护验收结果，其他环境保护行政许可的项目、依据、条件、程序和结果；⑨排污费征收的项目、依据、标准和程序，排污者应当缴纳的排污费数额、实际征收数额以及减免缓情况；⑩环保行政事业性收费的项目、依据、标准和程序；⑪经调查核实的公众对环境问题或者对企业污染环境的信访、投诉案件及其处理结果；⑫环境行政处罚、行政复议、行政诉讼和实施行政强制措施的情况；⑬污染物排放超过国家或者地方排放标准，或者污染物排放总量超地方人民政府核定的排放总量控制指标的污染严重的企业名单；⑭发生重大、特大环境污染事故或者事件的企业名单，拒不执行已生效的环境行政处罚决定的企业名单；⑮环境保护创建审批结果；⑯环保部门的机构设置、工作职责及其联系方式等情况；⑰法律、法规、规章规定应当公开的其他环境信息。

国家鼓励企业自愿公开以下 9 个方面的企业环境信息：①企业环境保护方针、年度环境保护目标及成效；②企业年度资源消耗总量；③企业环保投资和环境技术开发情况；④企业排放污染物种类、数量、浓度和去向；⑤企业环保设施的建设和运行情况；⑥企业在生产过程中产生的废物的处理、处置情况，废弃产品的回收、综合利用情况；⑦与环保部门签订的改善环境行为的自愿协议；⑧企业履行社会责任的情况；⑨企业自愿公开的其他环境信息。

第四节　环境保护法规

一、环境保护法的基本概念及特点

1. 环境保护法的含义

环境保护法是国家为了协调人类与环境的关系，保护和改善环境，保护人民健康和保障经济社会的持续、稳定发展而制定的，它是调整人们在开发利用资源、保护改善环境的活动中所产生的各种社会关系的法律规范的总和。

2. 环境保护法的目的和任务

《中华人民共和国环境保护法》第一条规定："为保护和改善生活环境与生态环境，防治污染和其他公害，保障人体健康，促进社会主义现代化建设的发展，制定本法。"这一条就明确规定了环保法的目的和任务，它包括两个内容：一是直接目的，或称直接目标，是协调人类与环境之间的关系，保护和改善生活环境和生态环境，防止污染和其他公害；二是最终目的，即保护人民健康和保障经济社会持续发展，该点是立法的出发点和归宿。

3. 环境保护法的特点

中国的环境保护法是代表广大人民群众根本利益的，是建设社会主义的重要工具。鉴于环境保护法的任务和内容与其他法律有所不同，环境保护法有其自己的特点。

（1）科学性。环境保护法将自然界的客观规律，特别是生态学的一些基本规律及环境要素的演变规律作为自己的立法基础，因而环境保护法中包含大量的反映这些客观规律的科学技术性规范。

（2）综合性。由于环境包括围绕在人类周围的一切自然要素和社会要素，所以保护环境涉及整个自然环境和社会环境，涉及全社会的各个领域以及社会生活的各个方面。而环境保护法所要保护的是由各种要素组成的统一的整体，因而，必须有一个将环境作为一个整体来加以保护的综合性法律。又由于环境质量的改善有待于各个环境要素质量的改善，因而，环境保护法又必须有一系列为保护某一个环境要素而制定的法律。此外，环境保护法具有复杂的立法基础，由于保护和改善环境的需要而不得不采用多种管理手段和法律措施。因此，环境保护法必然是一个十分庞杂而又综合的体系。

（3）共同性。环境问题是世界各国人民所面临的一个共同的问题。它产生的原因，不论哪个国家都大同小异。因而，解决环境问题的理论根据、途径和办法也有许多相似之处。因此，世界各国环境保护法有共同的立法基础，共同的目的，从而也就决定了有许多共同的规定。这一切使得一些国家在解决环境问题时所采用的对策、措施、手段等可为另一些国家所吸收、参考、借鉴和采用。这些共同性的存在也使得世界各国在解决本国和全球环境问题时有许多共识。

二、中国环境保护法体系的基本内容

环境保护法体系是指为调整因保护和改善环境、防治污染和其他公害而产生的各种法律规范，以及由此形成的有机联系的统一整体。从法律的效力层级来看，中国的环境保护法体系主要包括下列几个组成部分：宪法关于保护环境资源的规定；环境保护基本法；环境资源单行法；环境标准；其他部门法中关于保护环境资源的法律规范。此外，中国缔结或参加的有关保护环境资源的国际条约、国际公约也是中国环境保护法体系的有机组成部分。

1. 宪法关于保护环境资源的规定

宪法关于保护环境资源的规定在整个环境保护法体系中具有最高法律地位和法律权威，是环境立法的基础和根本依据。《宪法》第 26 条规定："国家保护和改善生活环境与生态环境，防治污染与其他公害"；第 9 条规定："矿藏、水流、森林、山岭、草原、荒地、滩涂等自然资源，都属于国家所有，即全民所有；由法律规定属于集体所有的森林和山岭、草原、荒地、滩涂除外。国家保障自然资源的合理利用，保护珍贵的动物和植物。禁止任何组织或个人用任何手段侵占或者破坏自然资源。"

2. 环境保护基本法

环境保护基本法是对环境保护方面的重大问题作出规定和调整的综合性立法，在环境保护法体系中，具有仅次于宪法性规定的法律地位和效力。

中国的环境保护基本法是 1989 年 12 月 26 日颁布实施的《中华人民共和国环境保护法》。其主要内容如下：

①规定环境保护法的目的和任务是保护和改善生活环境和生态环境，防治污染与其他公害，保障人体健康，促进社会主义现代化建设的发展。

②规定环境保护的对象是大气、水、海洋、土地、矿藏、森林、草原、野生生物、自然遗迹、人文遗迹、自然保护区、风景名胜区、城市和乡村等直接或间接影响人类生存与发展的环境要素。

③规定一切单位和个人均有保护环境的义务，对污染或破坏环境的单位或个人有监督、检举和控告的权利。

④规定环境保护应当遵循预防为主、防治结合、综合治理原则、经济发展与环境保护相协调原则、污染者治理、开发者养护原则、公众参与原则等基本原则；应当实行环境影响评价制度、"三同时"制度、征收排污费制度、排污申报登记制度、限期治理制度、现场检查制度、强制性应急措施制度等法律制度。

⑤规定防治环境污染、保护自然环境的基本要求及相应的法律义务。

⑥规定中央和地方环境管理机关的环境监督管理权限及任务。

3. 环境资源单行法

环境资源单行法是针对某一特定的环境要素或特定的环境社会关系进行调整的专门性法律法规，具有量多面广的特点，是环境保护法的主体部分，主要由以下几个方面的立法构成：土地利用规划法、环境污染和其他公害防治法、自然资源保护法、自然保护法等。

4. 环境标准

环境标准在环境保护法体系中占有重要地位，它是环境保护法实施的工具和依据，没有环境标准，环境保护法就难以实施。详见本章第三节。

5. 处理环境纠纷程序的法规

环境纠纷处理法规是为及时、公正地解决因环境问题引起的纠纷而制定的，它包括关于环境破坏、环境污染赔偿法律及环境犯罪惩治法律等。如《环境保护行政处罚办法》《报告环境污染事故的暂行办法》等。

6. 其他部门法中有关保护环境资源的法律规范

在行政法、民法、刑法、经济法、劳动法等部门法中也有一些有关保护环境资源的法律规范，其内容较为庞杂。

7. 地方环境保护法规

地方环境保护法规是指有立法权的地方权力机构——人民代表大会及其常委会和地方政府制定的环境保护规范性文件，是对国家环境保护法律、法规的补充和完善，是以解决本地区某一特定的环境问题为目标的，具有较强的针对性和可操作性。

8. 中国缔结或参加的有关保护环境资源的国际条约、国际公约

为了协调世界各国的环境保护活动，保护自然资源和应对日趋严重的全球性环境问题，产生了国际环境保护法。它是调整国家之间在开发、利用、保护和改善环境资源的活动中所产生的各种关系的有拘束力的原则、规则、规章、制度的总称。《中华人民共和国环境保护法》第 46 条明确规定，中国缔结或参加的与环境保护有关的国际条约，同中国法律有不同规定的，除中国声明保留的条款外，适用国际条约的规定。由此可见，国际环境保护法是中国环境保护法体系的特殊组成部分，行为人也必须遵守有关规定。中国迄今所缔结或参加的有关保护环境资源的国际公约共计 20 多项。

三、中国环境保护法的基本原则

环境保护法的基本原则是环境保护方针、政策在法律上的体现，是调整环境保护方面社会关系的指导规范，也是环境保护立法、司法、执法、守法必须遵循的准则。它反映了环境保护法的本质，并贯穿环境保护法制建设的全过程。研究和掌握这些原则，对正确理解并认真贯彻环境保护法，具有十分重要的意义。

1. 经济建设和环境保护协调发展的原则

是指发展经济和保护环境二者之间的相互关系，是自然生态规律和社会经济发展规律在法律上的反映。经济建设和环境保护必须同步规划、同步实施、同步协调发展，从而实

现经济效益、社会效益和环境效益的统一。协调发展是从环境保护与经济建设之间的相互关系角度对发展方式提出的一种要求,这种发展方式既要符合经济规律,也要符合生态规律。环境保护和经济发展应该是相互联系、依存,又互相促进、转化、协调统一的关系。

2. 预防为主、防治结合、综合治理原则

(1) 预防为主。因为环境一旦遭到污染和破坏,要想恢复到原来状况往往需要很长的时间和许多资金,有些环境问题短期内还无法解决。预防为主是与末端治理相对应的原则,预防污染不仅可以最大限度地提高原材料、能源的利用率、节能、降耗,而且可以大大地减少污染物的产生量和排放量,避免二次污染,减少末端治理负荷,节省环保投资和运行费用。预防为主是环境保护第一位的工作。

(2) 防治结合。是指在预防为主的同时,对已形成的环境污染和破坏进行积极治理,采取一切可能的措施,尽力减少污染物的排放量,尽力减轻对环境的破坏程度。防是解决环境问题的积极办法,治是解决环境问题的消极办法,两者必须紧密结合。

(3) 综合治理。是指为了提高治理效果,用较小的投入取得较大的效益而采取多种方式和多种途径相结合的办法。因为造成环境问题的原因是多方面的,仅仅采取单一的治理措施往往解决不了问题,必须同时采取经济、行政、法律、教育等手段,进行综合治理才能奏效。

3. 开发者保护、污染者治理原则

(1) 开发者保护、利用者补偿、破坏者恢复。自然资源的开发和保护是相互联系、相互制约、相互促进的。开发资源的目的是为了利用,而保护好自然资源,为资源的永续利用创造了条件。自然资源的保护涉及面广,不可能由环境保护部门全包下来,必须采取谁开发谁保护的原则。

联合国环发大会以后,世界进入可持续发展时代,为了确保有限的自然资源能够满足经济可持续高速发展的要求,必须执行"保护资源、节约和合理利用资源""开发利用与保护增殖并重"的方针。在1994年国务院批准发布的《中国21世纪议程》和1996年8月公布的《国务院关于环境保护若干问题的决定》中,都明确提出了"开发者保护、利用者补偿、破坏者恢复"的原则,这是实施可持续发展战略的一项重要原则。

(2) 污染者治理、污染者付费的原则。环境污染主要是由于工矿企业及有关单位排放污染物造成的,所以排污单位必须承担治理污染的责任,实行污染者治理原则。贯彻执行这一原则,一是可以促使企业加强环境管理意识,防止跑、冒、滴、漏,把防治污染纳入企业管理计划;二是可以促使企业积极进行治理,企业通过技术改造,实行综合利用,提高资源、能源利用率,防止和减轻对环境的污染。

为了使排污收费在市场经济条件下更有效地发挥促进污染治理的作用,必须进行改革。中国1995年修订后重新颁布的《水污染防治法》和1996年8月公布的《国务院关于环境保护若干问题的决定》都明确提出了"污染者付费"的原则。即污染者并不一定直接承担治理责任,但排污者(包括企业、事业、居民等)只要是排出污染物就要按排污量交费,无一例外。

实行污染付费原则,有利于由各种渠道(包括民营企业)筹集资金建设专业治污设施，使之成为有利可图的"治污业"，专门负责环保设施的运营。

4. 公众参与原则

早在 1973 年，第一次全国环保会议确定的环保 32 字方针中就明确提出"依靠群众、大家动手"，在随后颁布的《环境保护法》中都体现了这一原则。

实践证明，保护环境、实施可持续发展战略必须依靠公众和社会团体的参与。1994 年公布的《中国 21 世纪议程》设立了"团体及公众参与可持续发展"的专章。环境保护部在《全国环保工作（1998—2002）纲要》中提出：建立和健全公众参与制度，完善公众举报、听证、环境影响评价公民参与制度，疏通人民群众关注和保护环境的渠道，推动公众和非政府组织参与环境保护和有关环境与发展综合决策的过程。公众和非政府组织的参与方式与参与程度，将决定可持续发展目标实现的进程。

5、政府对环境质量负责的原则

一个地区环境质量如何，除了自然因素外，还与该地区的社会经济发展密切相关，涉及各个方面。如社会经济发展计划、城市规划、生产力布局、能源结构、产业结构和政策、人口政策等，这些工作涉及政府的许多部门。所以保护好环境是一个事关全局的问题，是一个综合性很强的问题，只有政府才有这样的职能解决它。《环境保护法》第 16 条规定："地方各级人民政府，应当对本辖区的环境质量负责，采取措施改善环境质量"。

四、中国环境保护的法律制度

1. 环境污染防治法律制度

①中国的大气污染防治立法主要有《大气污染防治法》及其实施细则、《城市烟尘控制区管理办法》《关于发展民用型煤的暂行办法》《汽车排气污染监督管理法》等。

②中国的水污染防治立法主要有《水污染防治法》及其实施细则、《淮河流域水污染防治暂行条例》《水污染物排放许可证管理暂行办法》《污水处理设施环境保护监督管理办法》《饮用水源保护区污染防治管理规定》等。

③中国的噪声污染防治立法主要有《环境噪声污染防治法》。

④中国的固体废物污染防治立法主要有《固体废物污染环境防治法》。

⑤有毒有害物质污染控制立法中的有毒有害物质主要指化学品、农药和放射性物质。中国目前尚无综合性的化学品污染控制法，也没有单行的农药控制法和放射性污染控制法，但有一些相关的行政法规和行政规章。例如，《化学危险物品安全管理条例》《监控化学品管理条例》《农药登记规定》《民用核设施安全监督管理条例》《放射性同位素与射线装置放射防护条例》《核电厂核事故应急管理条例》《城市放射性废物管理办法》《放射环境管理办法》等。这在一定程度上为控制有毒有害物质的污染提供了法律依据。

⑥中国的海洋污染防治立法主要有《海洋环境保护法》《防止船舶污染海域管理条例》《海洋石油勘探开发环境保护管理条例》《海洋倾废管理条例》《防治陆源污染物污染损害海洋环境管理条例》《防治海岸工程建设项目污染损害海洋环境管理条例》等。

2. 自然资源保护法律制度

①中国的土地资源保护立法主要有《土地管理法》及其实施条例、《土地复垦规定》

《基本农田保护条例》《外商投资开发经营成片土地管理办法》《水土保持法》及其实施条例等。

②中国的矿产资源保护立法主要有《矿产资源法》及其实施细则、《石油及天然气勘察、开采登记管理暂行办法》《矿产资源补偿费征收管理规定》以及《煤炭法》《煤炭生产许可证管理办法》《乡镇煤矿管理条例》等。

③中国的水资源保护立法主要有《水法》《取水许可制度实施办法》《城市供水条例》《河道管理规定》等。

④中国的森林资源保护立法主要有《森林法》及其实施细则、《第五届全国人民代表大会第四次会议关于开展全民义务植树活动的决议》《国务院关于开展全民义务植树活动的实施办法》《森林和野生动物类型自然保护区管理办法》《森林防火条例》《城市绿化条例》《森林病虫害防治条例》《森林采伐更新管理办法》等。

⑤中国的草原资源保护立法主要有《草原法》《草原防火条例》等。

⑥中国的渔业资源保护立法主要有《渔业法》及其实施细则、《水产资源繁殖保护条例》《水生野生动物保护实施条例》等。

3. 自然保护法律制度

①中国的生物多样性保护立法主要有《野生动物保护法》《陆生野生动物保护实施条例》《水生野生动物保护实施条例》《水产资源繁殖保护条例》《野生植物保护条例》《野生药材资源保护管理条例》《进出境动植物检疫法》《植物检疫条例》等。

②中国的水土保持和荒漠化防治立法主要有《水土保持法》及其实施条例。此外，《环境保护法》《土地管理法》《水法》《农业法》《森林法》以及《草原法》等；也对水土保持和荒漠化防治做了相应规定。

③中国的自然保护区立法主要有《自然保护区条例》《森林和野生动物类型自然保护区管理办法》《自然保护区土地管理办法》等。

④中国的风景名胜区和文化遗迹地保护立法主要有《文物保护法》及其实施细则、《风景名胜区管理暂行条例》及其实施办法、《地质遗迹保护管理规定》等。另外《环境保护法》《城市规划法》《矿产资源法》等，也对风景名胜区和文化遗迹地的保护做了相应规定。

4. 新修订、发布的有关环保法规

近年来，我国环境保护法规制度建设取得了较快进展，环境法律体系更趋完善。近年来，修订、发布了各类法律、法规、规章及地方立法。

（1）环境法律。全国人大常委会制定或修订了《大气污染防治法》（2000年修订）、《环境影响评价法》（2002年）、《清洁生产促进法》（2002年）、《放射性污染防治法》（2003年）、《固体废物污染环境防治法》（2004年修订）等环境法律。此外，还制定或修订了《渔业法》（2000年、2004年修订）、《水法》（2002年修订）、《草原法》（2002年修订）、《防沙治沙法》（2001年）、《海域使用管理法》（2001年）、《土地管理法》（2004年修订）、《野生动物保护法》（2004年修订）、《种子法》（2004年修订）、《可再生能源法》（2005年）、《文物保护法》（2002年修订）等与环境保护密切相关的重要法律。

（2）环境行政法规。国务院制定了《农业转基因生物安全管理条例》（2001年）、《报废汽车回收管理办法》（2001年）、《危险化学品安全管理条例》（2002年）、《排污费征收使用管理条例》（2002年）、《退耕还林条例》（2002年）、《医疗废物管理条例》（2003年）、《危险废物经营许可证管理办法》（2004年）、《国务院关于落实科学发展观加强环境保护的决定》（2005年）等行政法规和法规性文件。

（3）环保部门规章。环境保护部发布了建设项目环境影响评价行为准则与廉政规定（总局令第30号，2005年）、国家环境保护总局建设项目环境影响评价文件审批程序规定（总局令第29号，2005年）、污染源自动监控管理办法（总局令第28号，2005年）、废弃危险化学品污染环境防治办法（总局令第27号，2005年）、建设项目环境影响评价资质理办法（总局令第26号，2005年）、环境保护法规制定程序办法（总局令第25号，2005年）、地方环境质量标准和污染物排放标准备案管理办法（总局令第24号，2004年）、环境污染治理设施运营资质许可管理办法（总局令第23号，2004年）、环境保护行政许可听证暂行办法（总局令第22号，2004年）、医疗废物管理行政处罚办法（总局令第21号，2004年）、专项规划环境影响报告书审查办法（总局令第18号，2003年）、新化学物质环境管理办法（总局令第17号，2003年）、环境影响评价审查专家库管理办法（总局令第16号，2003年）、建设项目环境影响评价文件分级审批规定（总局令第15号，2002年）、建设项目环境保护分类管理名录（总局令第14号，2002年）、建设项目竣工环境保护验收管理办法（总局令第13号，2001年）、淮河和太湖流域排放重点水污染物许可证管理办法（试行）（总局令第11号，2001年）、畜禽养殖污染防治管理办法（总局令第9号，2001年）等一批重要环境保护部门规章和规范性文件，并与有关部门联合发布了清洁生产审核办法、电子信息产品污染控制管理办法等规章。

（4）地方性环境立法。地方性环境立法不仅数量多，而且质量不断提高。在立法质量方面，各地更加突出地方特色，更加注重针对性和可操作性。如北京市重点针对大气污染防治、江苏省针对长江流域水污染、黑龙江省突出居民生活环境的保护、重庆市强化三峡库区污染防治、云南省加强高原湖泊的污染治理、陕西省针对石油天然气开发的环境保护、西藏自治区突出自然生态保护、广东省针对危险废物、武汉市针对社会生活噪声、苏州市针对建筑施工噪声，先后制定了一大批具有鲜明地方特色的地方环境法规和规章。福建、广东等地还针对环境执法工作的要求，创设了查封、暂扣违法物品等行政强制手段，具有较强的可操作性。山东省以省政府令形式发布了《环境保护违法行为行政处分办法》，江苏、浙江、上海等地制定了环境保护举报奖励办法，均取得了很好效果。

地方环境立法不仅补充了国家环境立法的不足，适应地方环保工作的实际需要，而且还有力地支持了国家的有关环境立法工作，同时为其他地方的环境立法提供了有益借鉴。

思考题

1. 环境管理的五大手段是什么？
2. 环境管理的基本任务有哪些？
3. 环境管理的基本职能有哪些？
4. 环境管理的一般发展过程及每一过程的基本特征是什么？

第三章 自然资源保护与管理

学习目标

通过本章学习，了解我国生态环境面临的主要问题及成因；知道我国对生态环境保护与管理的实践；熟悉生态红线的划分及管理、重点生态功能区的保护和管理、生态监测与评估体系的建设、流域生态健康评估与管理、自然保护区建设与管理及生物多样性的保护。

第一节 我国自然资源保护和管理概述

一、我国生态环境面临的主要问题及成因

1. 我国生态环境面临的主要问题

当前，我国生态环境总体恶化趋势尚未遏制，森林和草地退化、湿地萎缩、生物多样性下降、水土流失、荒漠化现象依然十分严重，生态功能下降，生态安全形势严峻，严重影响我国可持续发展。

（1）部分区域重要生态功能不断退化

经济发展过程中一些不合理的开发活动以及全球气候变化，导致部分重要生态功能区森林破坏、草地退化、湿地萎缩严重，部分区域生态功能仍在退化。重要生态功能区的生态环境继续恶化，将严重影响我国经济社会的可持续发展和国家生态安全。

森林资源质量差的局面尚未改变。我国森林总量不足，分布不均；林木龄组结构不尽合理，幼中龄林比重大；天然林占国土面积不到3％、林地面积不到15％，尚未形成生态防护功能的大气候；人工林面积大，林龄单一、林种单一、林相单一、林分结构简单现象严重，尚未形成健康的森林生态系统，生态效益十分有限；有林地单位面积活立木蓄积量和林分单位面积活立木蓄积量有所下降；林地流失、超限额消耗、森林病虫害危害等现象依然存在。森林生态系统趋于简单化，致使水土保持、涵养水源等生态功能衰退及生物多样性降低，森林火灾易发，地力下降。

草地退化现象仍未得到根本遏制。目前，我国草地退化依然严重，质量降低，生态功

能和生态承载力仍在下降。我国天然草地的面积逐步减少，从 20 世纪 70 年代到 90 年代中期，草地退化面积从 10％增加到 50％，其中重度和中度退化的占退化草地面积的一半，并仍以每年 200 万公顷的速度发展。草地质量也在不断下降，表现在草地等级下降，优良牧草的组成比例和生物产量减少，不可食草和毒草的比例和数量增加等方面。草地普遍超载过牧，载畜力不断下降。草地的生态屏障作用日渐降低，成为重要的沙尘源区。

湿地人工化趋势明显，面积大幅萎缩。由于人口增长，耕地扩大，生态类型嬗变，我国湿地面积严重萎缩。20 世纪中后期大量湿地被改造成农田，加上过度的资源开发和污染，天然湿地大面积萎缩、消亡。近 40 年来，全国仅围垦一项就使天然湖泊湿地消失近 1000 个，面积达 130 万公顷以上，湖泊围垦面积已经超过五大淡水湖面积之和，失去调蓄容积 325 亿立方米，每年损失淡水资源约 350 亿立方米；人工围垦已导致我国 50％的滨海滩涂消失，红树林面积已由 20 世纪 50 年代初的 550 平方千米下降至不足 150 平方千米，减幅达 73％。总体上，我国湿地面积从占国土面积的 6.9％左右下降到了 3.77％，大大低于全球湿地占陆地面积 6％的水平。

（2）生物多样性面临严重威胁

多年来，人口膨胀以及农村和城市扩张，使大面积的天然森林、草原、湿地等自然生境遭到破坏，大量野生动物栖息地丧失，濒临灭绝。全国共有濒危或接近濒危的高等植物 4000～5000 种，占我国高等植物总数的 15％～20％，裸子植物和兰科植物高达 40％以上；野生动物濒危程度不断加剧，233 种脊椎动物面临灭绝，约 44％的野生动物呈数量下降趋势，在《濒危野生动植物种国际贸易公约》附录一所列 640 个种中，我国就有 156 个种，约占其总数的四分之一，并且与之关联的 40000 多种生物的生存受到威胁，形势十分严峻。遗传资源不断丧失和流失，一些农作物野生近缘种的生存环境遭到破坏、栖息地丧失，60％～70％的野生稻原有分布点已经消失或萎缩。部分珍贵和特有的农作物、林木、花卉、畜、禽、鱼等种质资源流失严重，一些地方传统和稀有品种资源丧失。

外来物种入侵形势严峻，生物多样性遭受威胁。松材线虫、美国白蛾、稻水象甲、马铃薯甲虫等入侵害虫以及豚草、大米草、薇甘菊、水葫芦、紫茎泽兰等入侵植物对当地生物多样性造成了巨大威胁，局部地区已经到了难以控制的局面。初步查明我国有外来入侵物种 500 种左右，国际自然资源保护联盟公布的 100 种破坏力最强的外来入侵物种中，有 50 多种已经侵入了中国，其中危害最严重的有 11 种。外来入侵物种危及本地物种生存，破坏生态系统，每年造成直接经济损失高达 1200 亿元，除了经济损失外，物种入侵也使得中国维护生物多样性的任务更加艰巨。

自然保护区空间布局和结构不尽合理，部分地区自然保护区覆盖不足，部分自然保护区存在面积、范围、功能分区等不合理现象。开发建设活动对自然保护区的压力加大，部分自然保护区被非法侵占。部分自然保护区核心区、缓冲区原住民较多，对自然保护区的保护效果造成影响。

（3）土地退化问题突出

土地退化是全球最严重的环境问题之一，我国是世界上人口最多、耕地面积严重不足的发展中国家，同时也是受到土地退化危害最严重的国家之一。我国的土地退化类型多、发生广、地域差异大、危害严重。近年来，我国沙化土地不断增加，水土流失仍然严重，土壤污染日益加重，耕地不断减少，已对我国生态安全和粮食安全构成威胁。

沙化危害依然突出，治理任务艰巨。截至 2009 年底全国沙化土地面积为 173.11 万平方千米，占国土面积的 18.03%，涉及全国 30 个省（区、市）841 个县（旗）。沙区滥樵采、滥开垦、滥放牧、水资源不合理利用等问题较为严重，边治理边破坏的现象相当突出，沙化发展速度快，发展态势严峻。一些初步治理的地区，植被刚开始恢复，稳定性差，治理成果依然脆弱；亟须继续重点治理的沙化土地，沙化程度更重，自然条件更差，治理难度很大，任务十分繁重。

水土流失面广量大，形势严峻。我国已成为世界上水土流失最严重的国家之一，水土流失范围遍及所有的省、自治区和直辖市。全国水土流失面积达 367 万平方千米，占国土面积的 38%，自 20 世纪 90 年代以来，中国每年新增水土流失面积 1.5 万多平方千米，新增水土流失量超过 3 亿吨。2009 年，全国荒漠化土地总面积 262.4 万平方千米，全国每年因水土流失新增荒漠化面积 2100 平方千米，损失的耕地面积达 7 万多公顷。

耕地面积减少，污染严重。新中国成立以来，全国耕地面积不断减少。1996—2006 年，中国平均每年净减少的耕地面积达 82 万公顷。同时由于一些地区长期过量使用化学肥料、农药、农膜以及污水灌溉，土壤污染问题日益凸显，土壤污染的总体形势相当严峻。据估计，全国受到大工矿业"三废"物质污染的耕地达 400 万公顷，受到乡镇企业污染的耕地有 187 万公顷，受到农药严重污染的农田有 1600 万公顷，三者合计达 2187 万公顷。

2. 成因分析

我国生态环境问题的成因是复杂的、多方面的，总的来说可以分为自然因素、人为因素和管理因素三类。

（1）自然因素

①我国生态环境脆弱

虽然我国地域辽阔，气候条件差异显著，地貌类型多样，地质条件复杂，但总体上我国的生态环境本底较为脆弱。干旱地区、半干旱地区、高寒地区、喀斯特地区、黄土高原地区等生态环境脆弱区占全部国土面积的 60%。

我国西北地区总面积占全国的三分之一。高山地带降水充沛，热量相对不足；盆地内部热量资源丰富，但降水稀少。水热不同，配套不完全，区内植被生长、土壤发育受到不同程度的制约，因缺水造成十分脆弱的生态系统。西南喀斯特山区，土层浅薄，多暴雨，容易发生泥石流、水土流失、土壤石漠化等生态问题和自然灾害。青藏高原寒冷严酷，空气稀薄，气候恶劣，植被荒疏，土地生产力低，地表植被一旦破坏很难恢复。黄土高原沟壑纵横，土质疏松，易于发生水土流失，是我国水土流失最严重的区域之一。我国东部自然条件较好，但面积小，降雨集中，极易产生旱涝灾害。

②全球气候变化

在全球气候变化的背景下，我国的气候变化对全球气候变化响应十分明显，尤其在最近 50 年，我国的地表平均温度、降水、极端气候事件以及其他气候要素出现了较为显著的变化。年平均地表气温增加 1.1℃，增温速率为 0.22℃/10 年，明显高于全球或北半球同期平均增温速率。全国平均年降水量虽然没有呈现显著变化趋势，但降水量的年际波动较大，降水量趋势存在明显的区域差异。日照时间、水面蒸发量、近地面平均风速、总云量均呈显著减少趋势，全国平均霜冻日数减少了 10 天左右。随着气候变暖，高温、暴雨等极端气候事件将变得更为频繁，我国华北和东北地区干旱趋重，而长江中下游流域和东南地区则洪涝加重。

（2）人为因素

①快速城镇化及人口的持续增长

城镇化带来的是城市建设用地的迅速扩张，以及生态用地数量的减少。1991—2010年，城市建成区面积扩大了 2.12 倍，而城镇化水平仅仅增长了 0.89 倍，土地扩张速率是人口城镇化速率的 2.38 倍，城市土地扩张与城市人口密度相背离。人口的持续增长导致资源紧张，人类为了生存不惜以牺牲环境为代价，不断开垦荒地、超载放牧、乱砍滥伐、过度抽取地下水，打破了自然生态系统的自我恢复和平衡机制，导致了生态系统结构与功能的破坏。

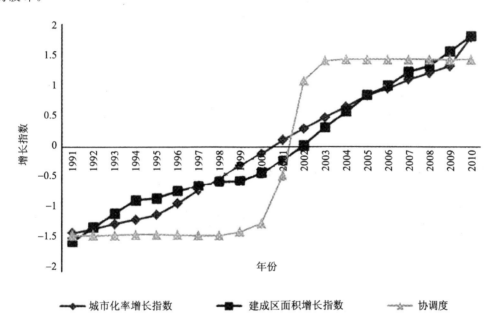

图 3-1　1991—2010 年城市化协调度

②经济增长粗放，产业结构不合理

我国经济结构虽然得到一定程度的调整，但是产业结构层次仍然很低，简单数量扩展等问题还是比较突出。长期以来，经济的增长以牺牲环境、破坏资源为代价的传统发展观念和经济增长模式，对资源承载力造成破坏。并且我国的自然资源禀赋并不高，对资源的利用率低，资源的需求、供给矛盾更加突出。现阶段我国已成为各种能源、工业原料的消费大国。经济增长过度依赖能源资源消耗，目前能源供需矛盾尖锐，结构不合理；能源利用效率低；一次能源大量消费造成严重的环境污染。产业结构不合理，农业基础薄弱，高技术产业和现代服务业发展滞后；自主创新能力较弱，经济效益不高。我国的经济发展长期处于"先发展、后保护、先污染、后治理"的状态，经济的发展基本上是劳动密集型模式。经济的粗放型增长方式对资源环境造成的压力很大。

③矿产资源开发项目和重大工程建设对生态环境破坏严重

我国矿产资源大量开发所引起的生态问题和环境污染问题相当严重。据统计，全国固体矿山每年剥离废石达 6 亿吨、采选尾矿超过 5 亿吨；每年采煤排放煤矸石约 1.5 亿～2 亿吨。矿产开发将引起含水层的疏干，井泉干涸，华北地区每采 1 吨煤平均破坏地下水资源 10 吨左右。矿产资源开发累计破坏土地面积达 220 万公顷，占用耕地面积 98.6 万公顷、林地约 105.9 万公顷、草地面积约 26.3 万公顷。地处鄂尔多斯高原东部神府－东胜、准格尔等千万吨以上级煤田，气候干旱、多风沙、生态环境脆弱，矿业活动加速了两大矿区水土流失、土地沙化范围和程度，据估计，因矿山土石的排弃导致土壤可能被侵蚀流失的总量将达到 4.45 亿吨。矿山开采还导致地面塌陷、沉陷和滑坡、泥石流等灾害，造成土地资源破坏；矿山排放的废渣随意堆积在山坡或沟谷中而未采取相应的挡墙、护坡措施，易形成人为的崩塌、滑坡、泥石流等灾害。

水利和道路等重大工程的建设对生态环境的影响很大。新疆塔里木河流域因上游拦水筑坝，使下游来水减少，造成塔里木河流域分布的天然胡杨林面积已由 20 世纪 50 年代的 580 公顷锐减至 152 公顷，自然灾害显著上升。梯级水坝阻断大量珍稀鱼类和水生生物的生活走廊，甚至导致其灭绝。如长江鲟鱼因葛洲坝水电站破坏了产卵场，过去年产 1500 吨，现在一条也没有了。公路建设目前已纳入环境保护管理中，开展了环境影响评价工作。但仍然存在部分道路建设不开展环境评价工作、不采取环保措施或采取的措施不力，而引起较大的生态破坏。在道路建造过程中，改变或清除天然植被，破坏动物栖息地及植物水源，使其遭到不同程度的污染，将造成本地动植物减少甚至灭绝。在道路运行过程中，汽车废气的大量排放导致大气污染，空气相对湿度改变，酸雨酸雪和土壤酸化，某些对大气污染物敏感的动植物受到损害；同时运行中车辆所产生的噪声也会不同程度影响动、植物的生存。

（3）管理因素

①生态环境管理能力薄弱

生态环境统一监管能力明显不足。生态保护的法律法规尚需完善，生态环境管理体制不顺，国家重点生态功能区、生物多样性保护优先区、自然保护区的综合管理机制还需建立健全，相关的管理标准规范体系还需完善。重点区域严格准入的措施难以落实，区域生态保护与资源开发的矛盾较为突出。

生态保护能力建设严重滞后。生态环境监测能力区域差异大，国家重点生态功能区、生物多样性保护优先区、自然保护区的生态监测和评估体系建设滞后，不能满足实际工作的需要。生态监测技术体系与评价方法、规范标准建设相对落后，监测成果时效性和技术支撑作用有待提升，监测能力建设缓慢，难以全面反映生态环境状况和问题。生态保护和管理队伍、技术力量薄弱，不能满足实际工作的需要。部分国家级自然保护区管理机构行政隶属级别较低，人员不到位，管护能力低；部分自然保护区存在面积、范围、功能分区等不合理现象。

②生态投入与补偿机制不够健全

生态保护投入严重不足。国家重点生态功能区、自然保护区的管护设施设备建设滞后，日常的保护、建设、管理和运行维护费用尚未落实，管理水平和保护效果受到影响。

生态补偿机制尚需完善。在我国的许多重要生态功能区，包括水源涵养区、防风固沙区、生物多样性保护区和洪水调蓄区，普遍存在"守着美丽的风景，过着贫困的生活"的现象，这些地区的生态价值并没有得到有效体现，经济发展滞后。尽管国家给予了一定的投入，但投入的力度远不能弥补生态保护地区因资源控制、不能开发利用而带来的经济损失和发展机会的减少，提供生态系统服务地区的人民长久以来默默承担着维护国家生态安全的义务，却没有获得相应的权益。

③生态环境保护政策不完善

生态脆弱区生态保护政策存在问题。我国各地的生态补偿实践普遍缺乏法律和政策依据；现行的生态转移支付政策缺乏相应的激励内容，且缺乏对生态因素的考虑；生态转移支付政策以国家的纵向转移支付为主，而缺乏地区之间的横向转移支付政策。

自然保护区及生物多样性保护政策存在不足。现行相关法律中，仅就生物多样性的某些方面做出了一些规定，缺乏生物多样性的整体概念，且关于生物多样性保护的规定，均具有片面性、局限性。自然保护区基础设施建设不足，监测能力建设欠缺，投资标准偏低。

农村环境保护政策尚需完善。农村环境保护的法律法规不够完善；对农村自生污染以及污染转移的法律控制措施不足；对生物入侵的防治规定尚属空白；地方政府的生态环境保护政策缺乏公民的参与性。

生态保护与建设重大政策存在漏洞。退耕还林政策生态树种相对单一，乡土树种较少，导致生态系统稳定性下降，抵御环境变化的能力弱。干旱、半干旱地区造林密度过大，面对连续干旱、病虫害及林产品市场等问题，将会有一定的风险。天然林保护政策实施过程中重造林、轻维护，监测县单位面积蓄积变动率持续下降，森林质量有待进一步提高。公益林建设内容只注重扩大森林资源增量，忽视提高森林资源存量。草原生态建设工程暂时解决了农牧户的收入补偿，但缺乏长远政策支持，牧户长远生计问题值得关注。工程缺乏后续政策支持。湿地保护政策与土地利用政策冲突。生态补偿机制尚未建立。存在注重经济效益忽视生态效益现象。

缺乏系统的环境保护税收政策。我国目前还没有真正意义上的环境税，只存在与环保有关的税种，即资源税、消费税、城建税、耕地占用税、车船使用税和土地使用税。尽管这些税种的设置为环境保护和削减污染提供了一定的资金，但难以形成稳定的、专门治理生态环境的税收收入来源。

二、我国生态保护与管理实践

党中央、国务院一直高度重视生态保护工作，将维护国家生态安全、改善生态环境作为生态文明建设的重要基础。"十一五"以来，各级政府和有关部门采取了一系列保护和综合治理措施，持续加大生态保护力度，生态保护工作取得明显成效，我国生态环境总体恶化态势趋缓，局部地区生态环境有所改善。

1. 区域生态功能保护水平得到提升

国家重点生态功能区保护得到进一步加强。《全国主体功能区规划》《全国生态功能区划》《国家重点生态功能保护区规划纲要》和《全国生态脆弱区保护规划纲要》先后颁布实施，加强国家重点生态功能区保护和管理成为我国生态保护的战略任务，甘南黄河水源补给生态功能区等重要生态功能区开展了综合治理。自然生态系统保护与恢复力度不断加大，各类生态系统及生态系统服务功能对气候变化的响应和反馈研究工作全面铺开。

资源开发的生态监管不断加强。国务院颁布实施了《规划环境影响评价条例》，相关部门联合印发了《关于切实做好全面整顿和规范矿产资源开发秩序工作的通知》《关于防范尾矿库垮塌引发突发环境事件的通知》和《全国生态旅游发展纲要》等重要文件，加强了矿产资源和旅游资源开发的生态保护和监管。同时，为加快建立企业矿山环境治理和生态恢复责任机制，规范矿产资源开发过程中的生态环境保护与恢复治理工作，环境保护部组织编制了《矿山生态环境保护与恢复治理方案编制导则》，作为强化矿山生态环境监督管理、指导和规范企业编制《矿山生态环境保护与恢复治理方案》的要求和依据。

生态补偿政策实践取得积极进展。环境保护部颁布实施了《关于开展生态补偿试点工作的指导意见》，积极参与和推动生态补偿立法。2010 年，财政部印发了《国家重点生态功能区转移支付办法》，对 451 个县实施了国家重点生态功能区转移支付。浙江、宁夏、海南、江西等多个省（自治区）开展了省域内的生态补偿政策实践探索。跨省新安江流域水环境补偿试点于 2010 年底启动。

生态环境监测工作全面启动。逐步开展了全国生态环境监测与评价工作，以及太湖、巢湖、滇池及三峡库区的藻类水华监测工作。国家重点生态功能区县域生态环境状况评价工作、河流健康评价体系研究工作以及汶川灾后和玉树震后的生态环境评估、保护和恢复工作先后开展。

2. 生物多样性保护全面推进

生物多样性保护工作机制进一步健全。成立了中国生物多样性保护国家委员会，完善了中国履行《生物多样性公约》工作协调组和生物物种资源保护部际联席会议制度。发布实施了《全国生物物种资源保护与利用规划纲要》和《中国生物多样性保护战略与行动计划》，部署了今后一个时期的生物多样性保护工作。2010 年成功开展了"国际生物多样性年"活动。

生物物种资源保护工作进一步加强。环境保护部联合相关部门开展了全国重点生物物种资源调查，完成了相关物种编目和调查报告，指导 31 个省（自治区、直辖市）开展生物多样性评价，生物多样性科研和监测能力得到提升。

生物安全管理进一步完善。建立了外来入侵物种防治协作机制，开展了外来物种调查和治理除害工作，对黄顶菊、薇甘菊、福寿螺、紫茎泽兰等 22 种具有重大危害的农业外来入侵种进行了全面普查。联合中科院发布了《中国第二批外来入侵物种名单》。在重点地区开展了重点转基因作物环境释放及其潜在危害的监测调查，联合国家质检总局制定了《进出口环保用微生物菌剂环境安全管理办法》《环保用微生物菌剂检测规程》等。

国际合作与交流取得成效。积极履行国际公约，提交了多次履约报告，顺利履行了有关国际公约的各项规定义务。积极参与国际谈判和相关规则制定，开展了中国—欧盟生物多样性项目（ECBP）等一系列合作项目，加强与相关国际组织和非政府组织在保护政策和技术方面的合作与交流。

3. 自然保护区管理有效加强

自然保护区的布局体系初步建立。截止到去年，我国已经建立 2740 个自然保护区（不含港澳台地区），总面积为 147 万平方千米，陆地自然保护区面积约占陆地国土面积的 14.83％，其中，国家级自然保护区为 446 个，面积约 94.15 万平方千米。已初步建立了布局较为合理、类型较为齐全的自然保护区体系，90％的陆地生态系统类型、40％的天然湿地、85％的野生动物种群、65％的野生植物群落，以及绝大多数国家重点保护珍稀濒危野生动植物和自然遗迹都在自然保护区内得到了保护。

自然保护区的监督管理进一步完善。国务院办公厅出台了《关于做好自然保护区管理有关工作的通知》，环境保护部制定实施了《关于加强自然保护区调整管理的通知》《国家级自然保护区规范化建设和管理导则（试行）》等管理规章和技术规范。健全了国家级自然保护区评审工作机制。强化涉及保护区开发建设活动监管，严格自然保护区项目准入，组织开展了国家级自然保护区的联合执法检查和管理评估。

4. 生态示范建设成效显著

生态示范建设蓬勃发展，全国已形成生态示范区、生态建设示范区、生态文明建设试点三个梯次系统推进生态文明建设的工作体系，三个阶段既相互联系，又循序渐进，标准逐级提高。"十一五"以来，分四批命名了 362 个生态示范区。15 个省（自治区、直辖市）开展了生态省（区、市）建设，1000 多个县（市）开展了生态县（市）建设，53 个地区获得国家生态县（市、区）命名，15 个园区获得国家生态工业示范园命名。71 个生态文明建设试点开展了生态文明建设目标模式、推进机制方面的探索。

生态示范建设管理工作不断完善。印发了《关于进一步深化生态建设示范区工作的意见》《关于推进生态文明建设的指导意见》《关于开展国家生态工业示范园区建设工作的通知》等文件，印发了《国家生态建设示范区管理规程》和《国家生态市、生态县（市、区）技术资料审核规范》，修订了《生态省（市、县）建设指标》，印发了《生态文明建设试点示范区指标》。

第二节　环境规划与环境教育

一、环境规划的分类和作用

1. 环境规划的含义

环境规划是国民经济和社会发展的有机组成部分，是环境决策在时间、空间上的具体安排，是规划管理者对一定时期内环境保护目标和措施所作出的具体规定，是一种带有指令性的环境保护方案，其目的是在发展经济的同时保护环境，使经济与社会协调发展。在环境管理中，环境预测、决策和规划这三个概念，既相互联系又相互区别。环境预测是环境决策的依据；环境规划是环境决策的具体安排，它产生于环境决策之后；预测是规划的前期准备工作，是使规划建立在科学分析基础上的前提。可见环境规划是环境预测与环境决策的产物，是环境管理的重要内容和主要手段。

2．环境规划的类型

环境规划的类型有不同的分类方法。

按照环境组成要素划分，可分为大气污染防治规划、水质污染防治规划、土地利用规划和噪声污染防治规划等。

按照区域特征划分，可分为城市环境规划、区域环境规划和流域环境规划。

按照范围和层次划分，可分为国家环境保护规划、区域环境规划和部门环境规划。

按照规划期限划分，可分为长期规划（大于 20 年）、中期规划（15 年）和短期规划（5 年）。

按照环境规划的对象和目标的不同，可分为综合性环境规划和单要素的环境规划。

按照性质划分，可分为生态规划、污染综合防治规划和自然保护规划。

3．环境规划的作用

在环境管理实践中，人们越来越清楚地认识到环境规划在社会经济发展和环境保护中的重要作用，其作用概括起来如下。

（1）环境规划是实施环境保护战略的重要手段。环境保护战略只是提出了方向性、指导性的原则、方针、政策、目标、任务等方面的内容，而要把环境保护战略落到实处，则需要通过环境规划来实现，通过环境规划来具体贯彻环境保护的战略方针和政策，完成环境保护的任务。

（2）环境规划是协调经济社会发展与环境保护的重要手段。联合国环境规划会议在总结世界各国经验教训的基础上，提出可持续发展战略。该战略思想的基本点是：环境问题必须与经济社会问题一起考虑，并在经济社会发展中求得解决，求得经济社会与环境保护协调发展。

（3）环境规划是实施有效管理的基本依据。环境规划是对于一个区域在一定时期内环境保护的总体设计和实施方案，它给各级环境保护部门提出了明确的方向和工作任务，因而它在环境管理活动中占有较为重要的地位和作用。

（4）环境规划是改善环境质量、防止生态破坏的重要措施。环境规划是要在一个区域范围内进行全面规划、合理布局以及采取有效措施，预防产生新的生态破坏，同时又有计划、有步骤、有重点地解决一些历史遗留的环境问题，改善区域环境质量和恢复自然生态的良性循环，体现了"预防为主"方针的落实。

二、环境规划的程序

一般来说，编制环境规划主要是为了解决一定区域范围内的环境问题和保护该区域内的环境质量。无论哪一类环境规划，都是按照一定的规划编制程序进行的。环境规划编制的基本程序主要包括如下内容。

1．编制环境规划的工作计划

由环境规划部门的有关人员，在开展规划工作之前，提出规划编写提纲，并对整个规划工作进行组织和安排，编制各项工作计划。

2. 环境现状调查和评价

这是编制环境规划的基础，通过对区域的环境状况、环境污染与自然生态破坏的调研，找出存在的主要问题，探讨协调经济社会发展与环境保护之间的关系，以便在规划中采取相应的对策。

（1）环境调查基本内容包括环境特征调查、生态调查、污染源调查、环境质量调查、环保治理措施效果的调查以及环境管理现状调查等。

①环境特征调查。主要有自然环境特征调查（如地质地貌、气象条件和水文资料，土壤类型、特征及土地利用情况，生物资源种类形状特征、生态习性，环境背景值等）、社会环境特征调查（如人口数量、密度分布、产业结构和布局、产品种类和产量、经济密度、建筑密度、交通公共设施、产值、农田面积、作物品种和种植面积、灌溉设施、渔牧业等）、经济社会发展规划调查（如规划区内的短、中、长期发展目标，包括国民生产总值、国民收入、工农业生产布局以及人口发展规划，居民住宅建设规划，工农业产品产量，原材料品种及使用量，能源结构、水资源利用等）。

②生态调查。主要有环境自净能力、土地开发利用情况、气象条件、绿地覆盖率、人口密度、经济密度、建设密度、能耗密度等。

③污染源调查。主要包括工业污染源、农业污染源、生活污染源、交通运输污染源、噪声污染源、放射性和电磁辐射污染源等。

④环境质量调查。主要调查对象是环境保护部门及工厂企业历年的监测资料。

⑤环保治理措施效果的调查。主要是对工程措施的削污量效果以及其综合效益进行分析评价。

⑥环境管理现状调查。主要包括环境管理机构、环境保护工作人员业务素质、环境政策法规和标准的实施情况、环境监督的实施情况等。

（2）环境质量评价环境质量评价的基本内容如下。

①污染源评价。通过调查、监测和分析研究，找出主要污染源和主要污染物以及污染物的排放方式、途径、特点、排放规律和治理措施等。

②环境污染现状评价。根据污染源结果和环境监测数据的分析，评价环境污染的程度。

③环境自净能力的确定。

④对人体健康和生态系统的影响评价。

⑤费用效益分析。调查因污染造成的环境质量下降带来的直接、间接的经济损失，分析治理污染的费用和所得经济效益的关系。

3. 环境预测分析

环境预测是根据过去和现在所掌握环境方面的信息资料推断未来，预估环境质量变化和发展趋势。它是环境决策的重要依据，没有科学的环境预测就不会有科学的环境决策，当然也就不会有科学的环境规划。

环境预测的主要内容如下。

（1）污染源预测。污染源预测包括大气污染源预测、废水排放总量及各种污染物总量预测、污染源废渣产生量预测、噪声预测、农业污染源预测等。

（2）环境污染预测。在预测主要污染物增长的基础上，分别预测环境质量的变化情况。包括大气环境、水环境、土壤环境等环境质量的时空变化。

（3）生态环境预测。生态环境预测包括城市生态环境预测、农业生态环境预测、森林环境预测、草原和沙漠生态环境预测、珍稀濒危物种和自然保护区现状及发展趋势的预测、古迹和风景区的现状及变化趋势预测。

（4）环境资源破坏和环境污染造成的经济损失预测。

4．确定环境规划目标

所谓环境规划目标是在一定的条件下，决策者对环境质量所想要达到的状况或标准。环境目标一般分为总目标、单项目标、环境指标三个层次。总目标是指区域环境质量所要达到的要求或状况；单项目标是依据规划区环境要素和环境特征以及不同环境功能所确定的环境目标；环境指标是体现环境目标的指标体系。

确定恰当的环境目标，即明确所要解决的问题及所达到的程度，是制定环境规划的关键。目标太高，环境保护投资多，超过经济负担能力，则环境目标无法实现；目标太低，不能满足人们对环境质量的要求或造成严重的环境问题。因此，在制定环境规划时，确定恰当的环境保护目标是十分重要的。

5．进行环境规划方案的设计

环境规划方案设计是根据国家或地区有关政策和规定、环境问题和环境目标、污染状况和污染物削减量、投资能力和效益等，提出环境区划和功能分区以及污染综合防治方案。主要内容如下。

（1）拟定环境规划草案。根据环境目标及环境预测结果的分析，结合区域或部门的财力、物力和管理能力的实际情况，为实现规划目标拟定出切实可行的规划方案。可以从各种角度出发拟定若干种满足环境规划目标的规划草案，以备择优选用。

（2）优选环境规划草案。环境规划工作人员，在对各种草案进行系统分析和专家论证的基础上，筛选出最佳环境规划草案。环境规划方案的选择是对各种方案权衡利弊，选择环境、经济和社会综合效益高的方案。

（3）形成环境规划方案根据实现环境规划目标和完成规划任务的要求，对选出的环境规划草案进行修正、补充和调整，形成最后的环境规划方案。

6．环境规划方案的申报与审批

环境规划方案的申报与审批，是整个环境规划编制过程中的重要环节，是把规划方案变成实施方案的基本途径，也是环境管理中一项重要工作制度。环境规划方案必须按照一定的程序上报各级决策机关，等待审核批准。

7．环境规划方案的实施

环境规划方案的实施要比编制环境规划复杂、重要和困难得多。环境规划按照法定程序审批下达后，在环境保护部门的监督管理下，各级政策和有关部门，应根据规划中对本单位提出的任务要求，组织各方面的力量，促使规划付诸实施。

三、环境教育

环境教育既不同于部门教育，又不同于行业教育，而是对人的一种素质教育。因此，环境教育不仅是环境保护事业的重要组成部分，而且是教育事业的一个重要组成部分。环境教育可以分为四个部分：环境保护专业教育（即高中等院校培养环境类专业人才）、社会教育（即对广大群众的普及教育）、环境保护基础教育（即中小学幼儿园环境教育和高中等院校非环境类专业的环境教育）及在职教育（即在职环保人员的教育）。开展环境教育，提高全民族环境意识，已受到越来越多的重视。

1. 环境保护事业人才的培养

环境保护事业人才的培养，包括环境保护专业教育和在职教育。经过 30 余年的努力，在全国范围内已经形成初具规模、学科配套的环境科研系统，各级各类科研机构已拥有数万名高、中级环境保护科技人才，环保科研工作由工业"三废"治理技术，扩展到自然和农业生态工程技术。在基础研究方面，开展了环境背景值、环境容量、环境影响评价等方面的研究，建立了一些新方法、新概念。在管理研究方面，重点开展了预测、规划、标准和管理制度等方面的研究。

环境保护事业是中国一项新兴的事业，到 2000 年环境系统人员达 25500 人，环境保护行业所急需的科技人员，主要是具有大学本科以上学历的高级人才，从专业结构来看，急需补充的人才主要是环境工程、环境监测和环境规划与管理方面的人才。除环保行业外，大中型企业目前也急需环境专业技术人员及环境保护产业中所需要的专业人才。

有人曾经说过："中国不是缺少人才，而是缺少管理人才的人才"，环保系统也存在着同样严峻的问题，通过 30 余年的环保专业教育，培养了大批环境专业的人才，但毕业后从事环境专业工作的学生并不多。即使从事了本专业的工作，也未必能够发挥应有的才能。所以目前急需对这部分人力资源进行合理的管理、规划和开发，为中国的环境保护事业作出应有的贡献。

环保战线上的大批工作人员是从其他行业转过来的，他们大部分都未受过专业的环境教育，因此很难适应日益发展的环境保护事业的需要，所以对环境保护系统在职干部的培训显得极为重要。通过环保干部的岗位培训、继续教育和学历教育，从而提高环保队伍的素质。

2. 全民环境意识教育

加强环境教育，提高人们的环境意识，正确认识环境及环境问题，使人的行为与环境相协调，并使自己能自觉地参与保护环境的行动，这是解决环境问题的一条根本途径。

当前世界各国都在重视环境教育问题，就其总体来说，不外乎三方面的因素。一是决定于环境教育的本身的特点。环境教育本身就是一种终身教育，人一降生于世就会受到环境的熏陶，当对外界有所感知以后，就受到环境教育。二是国际环境保护形势的发展，自 1972 年斯德哥尔摩人类环境会议，到巴西的环境发展大会，经历了 30 多年的发展历程，使人们的认识得到了提高，由无限制地对大自然的索取而逐渐认识到要有节制地向大自然索取，这就是今天所提出的可持续发展的理论。三是，国内环境保护的严峻形势，需要加强全民族的环境教育。

保护环境、热爱环境、改善环境、建设环境，提高全民族的环境意识，是中国社会主义现代化建设的奋斗目标之一。环境意识不仅是科学意识和道德意识，也是现代意识和艺术意识的重要内容。缺乏环境意识，就不可能揭示和实现人与环境的对立统一的关系。

通过幼儿园、中小学的环境教育，增强了年青一代的环境意识。自 1979 年起，广东、浙江、辽宁、黑龙江、甘肃、上海、北京等地进行了中小学的环境教育试点。30 多年来，随着环保事业的进一步深入，各地区中小学和幼儿园的环境教育有了很大的发展。同时在中等专业技术学校和高等学校，非环境专业的学生也开设了相应的环境课程，特别是与环境保护密切相关的专业，如能源、化工等专业，环境保护已成为大学生的必修课。在很多学校，环境科学基础知识的介绍已成为全校性的公共课程，列入教学大纲和教学计划。

有些国家已经颁布了《环境教育法》，中国也正在着手研究制定关于环境教育的规定或条例，使环境教育逐步走向法制轨道。

总之，环境教育是保护环境、维护生态平衡、实现可持续发展的根本性措施之一。加强环境教育既是环境保护工作者的一项基本职责，同时也是教育工作者，特别是幼儿、中小学教育工作者的一项基本任务。

第三节　强化区域生态功能保护

一、重点生态功能区保护和管理

1. 重点生态功能区的功能定位与类型

国家重点生态功能区的功能定位是：保障国家生态安全的重要区域，人与自然和谐相处的示范区。经综合评价，国家重点生态功能区包括大小兴安岭森林生态功能区等 25 个地区，总面积约 386 万平方千米，占全国陆地国土面积的 40.2%；2008 年年底总人口约 1.1 亿人，占全国总人口的 8.5%。国家重点生态功能区分为水源涵养型、水土保持型、防风固沙型和生物多样性维护型 4 种类型。

2. 重点生态功能区保护和管理模式

以重点生态功能区保护和管理为抓手，加强青藏高原生态屏障、黄土高原—川滇生态屏障、东北森林带、北方防沙带和南方丘陵地带以及大江大河重要水系的生态环境保护，推动形成"两屏三带多点"的生态安全战略格局保护与建设，加大对水质良好或生态脆弱湖泊，以及生态敏感区、脆弱区的保护力度，从源头上扭转生态环境恶化趋势。

（1）严格区域环境准入，合理引导产业发展

根据不同类型的生态功能保护和管理要求，制定实施更加严格的区域产业环境准入标准，制定发布各类重点生态功能区限制和禁止发展产业名录，提出更严格的生态保护管理规程与要求，提高各类重点生态功能区中城镇化、工业化和资源开发的生态环境保护准入

门槛。限制高污染、高能耗、高物耗产业的发展。依法淘汰严重污染环境、严重破坏区域生态、严重浪费资源能源的产业，依法关闭破坏资源、污染环境和损害生态系统功能的企业。

充分利用生态功能保护区的资源优势，合理选择发展方向，调整区域产业结构，发展资源环境可承载的特色产业。依据资源禀赋的差异，积极发展生态农业、生态林业、生态旅游业；在中药材资源丰富的地区，建设药材基地，推动生物资源的开发；在畜牧业为主的区域，建立稳定、优质、高产的人工饲草基地，推行舍饲圈养；在重要防风固沙区，合理发展沙产业；在蓄滞洪区，发展避洪经济；在海洋生态功能保护区，发展海洋生态养殖、生态旅游等海洋生态产业。推广清洁能源。积极推广沼气、风能、小水电、太阳能、地热能及其他清洁能源，解决农村能源需求，减少对自然生态系统的破坏。

（2）严格区域环境影响评价，加强生态综合评估

严格重点生态功能区的环境影响评价，在区域开发规划、行业发展规划以及建设项目的环境影响评价中强化开发建设活动对区域主要生态功能的影响评估。制定并严格执行建设项目生态保护与恢复治理方案，减少对自然生态系统的干扰，保证生态系统的稳定性和完整性。建立健全关于重点生态功能区环境影响评价的区域限批制度。

加强重点生态功能区生态综合评估。制定国家重点生态功能区生态保护综合调查与评价指标体系，建立区域生态功能综合评估机制，强化对区域生态功能稳定性和提供生态产品能力的评价和考核，定期评估主要生态功能的动态变化。

（3）保护和恢复生态功能

遵循先急后缓、突出重点，保护优先、积极治理，因地制宜、因害设防的原则，结合已实施或规划实施的生态治理工程，加大区域自然生态系统的保护和恢复力度，恢复和维护区域生态功能。

提高水源涵养能力。在水源涵养生态功能保护区内，推进天然林草保护、退耕还林和围栏封育，治理水土流失，维护或重建湿地、森林、草原等生态系统。严格保护具有水源涵养功能的自然植被，禁止过度放牧、无序采矿、毁林开荒、开垦草原等行为。加强大江大河源头及上游地区的小流域治理和植树造林，减少面源污染。拓宽农民增收渠道，解决农民长远生计，巩固退耕还林、退牧还草成果。

恢复水土保持功能。在水土保持生态功能保护区内，大力推行节水灌溉和雨水集蓄利用，发展旱作节水农业。限制陡坡垦殖和超载过牧。加强小流域综合治理，实行封山禁牧，恢复退化植被。加强对能源和矿产资源开发及建设项目的监管，加大矿山环境整治修复力度，最大限度地减少人为因素造成新的水土流失。拓宽农民增收渠道，解决农民长远生计，巩固水土流失治理、退耕还林、退牧还草成果。

增强防风固沙功能。在防风固沙生态功能保护区内，转变畜牧业生产方式，实行禁牧休牧，推行舍饲圈养，以草定畜，严格控制载畜量。加大退耕还林、退牧还草力度，恢复草原植被。加强对内陆河流的规划和管理，保护沙区湿地，禁止发展高耗水工业。对主要沙尘源区、沙尘暴频发区实行封禁管理。

增强生物多样性维护能力。在生物多样性维护生态功能保护区内，采取严格的保护措施，构建生态走廊，防止人为破坏，促进自然生态系统的恢复。禁止对野生动植物进行滥

捕滥采，保持并恢复野生动植物物种和种群的平衡，实现野生动植物资源的良性循环和永续利用。对于生境遭受严重破坏的地区，采用生物措施和工程措施相结合的方式，积极恢复自然生境，建立野生动植物救护中心和繁育基地。加强防御外来物种入侵的能力，防止外来有害物种对生态系统的侵害。保护自然生态系统与重要物种栖息地，防止生态建设导致栖息环境的改变。

（4）完善生态环境监督管理体制，加强生态保护能力建设

建立和完善部门协调机制，加强部门间合作。生态功能保护区具有涉及面广、政策性强、周期长等特点，需要各级政府、各级部门通力合作，加强协调，建立综合决策机制。各级环保部门要主动加强与其他相关部门的协调，充分沟通，推动建立相关部门共同参与的生态功能保护区建设和管理的协调机制，统筹考虑生态功能保护区的建设。针对资源开发的生态环境保护等问题，建立定期或年度的部门联合执法检查。建立重点生态功能区动态管理机制，开展定期的区域的质量和管理能力评估。把各级政府对本辖区生态环境保护责任落到实处，建立生态环境保护与建设的审计制度。

加强生态保护能力建设。加强生态保护相关领域的基础调查、监测、评价能力建设，从生态安全、生态系统健康、生态环境承载力等方面对区域、流域生态环境质量进行系统评价，为生态保护决策提供支持。整合利用各部门和相关机构的信息、研究成果，在系统调查、监测、评价的基础上，针对重点生态功能保护区开展生态预警及防护体系的研究和建立工作，及时掌握这些地区的生态安全现状和变化趋势。开展生态功能保护区生态环境监测，制定生态环境质量评价与监测技术规范，建立生态功能保护区生态环境状况评价的定期通报制度。充分利用相关部门的生态环境监测资料，实现生态功能保护区生态环境监测信息共享，并建立重点生态功能保护区生态环境监测网络和管理信息系统，为生态功能保护区的管理和决策提供科学依据。

二、生态监测与评估体系建设

按照统一规划、统一标准、统一政策的要求，通过对各部门现有的生态监测与评估体系的整合，最终形成分布在各部门的、彼此之间相互协调、互联互通、具有相互集成应用能力的技术体系和组织体系，提高对我国生态环境质量及其变化的监测预测能力。

1. 提高生态监测水平

（1）加强生态保护相关领域的基础调查、监测、评估能力建设

全面开展生物多样性、外来有害物种等生态监测。建立国家重点生态功能区生态监测方法和技术体系，开展区域生态系统结构和功能的连续监测和定期评估。加大对生态监测体系建设和布局的协调力度，全面提升获取和整合信息的能力。

（2）提高野外监测自动化水平

最基本的野外监测是定点定时的人工采样监测，随着科学技术发展和对数据精度、时效要求的提高，自动化连续监测技术已经逐渐应用到野外监测中来。积极研究和开发操作简便、测定快速、价格低廉、能满足一定灵敏度和准确度的简易监测方法和仪器，是当前生态自动化监测工作的发展趋势。

（3）加强遥感监测技术运用

遥感监测的基本原理是利用卫星或雷达接收地面覆盖物（反射或辐射）光谱后将它以数据信息的形式发回地面，数据信息经计算机处理后以图像的形式表现出来，利用地理信息系统等工具对图像或数据信息进行分析，得到关于地表状况的有关信息（例如湖泊植被类型及面积、土壤类型）等。健全卫星环境监测体系，整合、建立和完善地面生态系统观测站点，把遥感监测与定点网络监测的定性和定量分析有机结合，全面构建"天地一体化"的生态环境调查监测评估体系。

（4）加强专业人才队伍建设

加强人员培训，壮大专业队伍。把专业人才队伍的能力建设放在首位，搞好环境监测与评估工作的岗位培训和继续教育，积极组织各类专业培训。积极推进执业资格制度，逐步完善从业人员准入与执业的管理，把从业人员职业资格作为资质审查的重要内容，有效保证执业与从业人员的素质，提高工作效率和质量。

2. 完善生态监测工作体系

（1）尽快形成由综合监测、部门监测和地区监测有机组成的生态监测评估工作体系

综合监测的主要任务是对全国生态状况进行宏观性、综合性的监测和评价，主要内容包括环境污染状况、生态承载力等的综合评估，其在部门监测和地区综合监测工作的基础上开展。部门监测的主要任务是对某一种生态环境要素或者指标进行连续监测，并对其发展趋势作出预测，由各相关部门负责实施。地区监测负责对某一地区生态环境总体状况进行监测与评估，由各省、自治区、直辖市开展。目前，我国部门监测工作体系比较健全，今后应重点完善全国性和地区性的综合监测评估工作体系。

（2）进一步加强跨部门、跨地区协调工作

通过制度建设、机制建设，建立起有效的跨部门、跨地区协调机制，保障由各部门、各地区负责的生态监测评估系统的功能能够有机的结合。加紧研究生态评估公共信息平台的组成和主要技术指标的力度，开展生态监测基础信息库整合和建设。

3. 开展生态监测与评估重点项目

（1）开展全国生态环境10年（2000—2010年）变化遥感调查与评估

摸清全国生态环境现状，系统获取全国生态环境10年动态变化信息，评估和阐述10年来全国、省域和典型区域的生态系统分布、格局、质量、服务功能等状况及其变化，编制中国生态环境10年变化国家报告。深入分析生态环境变化特征及其胁迫因素，揭示存在的主要生态环境问题，提出我国生态环境保护的对策与建议。推进建立定期开展全国生态环境状况调查评估体制机制。以10年评估成果为基础，完善我国生态环境监测与评估体系建设。

（2）启动全国易灾地区县域生态环境质量评估

开展易灾地区生态环境功能调查评估，全面摸清易灾地区生态环境背景状况，提出洪涝、山洪、泥石流、滑坡、崩塌等山洪地质灾害的生态减灾综合对策，保障易灾地区生态安全。适时启动国家森林公园和国家级风景名胜区生态功能状况评估试点。

三、流域生态健康评估与管理

结合流域规划,编制流域生态健康行动计划,探索建立流域生态健康评价标准和制度,努力推动建立流域生态保护的新理论和新方法,促进经济社会发展与流域生态承载能力相适应,维持健康的流域生态系统。

在流域生态健康评价的基础上,努力推动建立流域生态保护的新理论和新方法,提出流域生态系统管理模式和管理措施,促进经济社会发展与流域生态承载能力相适应,维持健康的流域生态系统。

1. 完善生态环境规划和建设管理体系

流域生态系统的综合规划是开发利用保护资源和环境的基本依据,也是进行生态管理的准则。根据《全国生态环境保护纲要》的要求,规划流域内的重要生态功能区、重点资源开发区和生态脆弱区,不同区域采取不同的保护计划。对于不同的地区,应根据其具体情况制定不同的保护和管理要求,例如西部和北方水资源短缺地区,应加强限制高耗水产业发展。此外,对水资源的开发、利用和保护,洪、涝、旱、碱灾害的治理,是流域生态规划的主要内容。流域生态规划过程是一个反复协调的决策过程,必须以环境管理的最新理论为指导,运用全新的规划方法,采用现代化的技术手段来进行。规划制定后,便要付诸实施。对于生态环境建设工程,要严格执行国家基本建设程序,建立和完善质量管理和技术监督体系,确保工程质量。对于已建工程,要加强维护和管理,使之发挥长期效益。

2. 建设生态监测与健康预警系统

(1) 建立流域的生态监测体系

生态监测是相对于传统环境监测而言,后者只是对大气、水、土壤中污染物的浓度及噪声、放射性等环境物理污染的强度进行测定,而前者则是对由于人类活动所造成的生态破坏和影响的测定。在此基础上,建立流域生态健康预警系统,及时识别出流域生态系统的退化或可能的生态危机,发出警报,并采取人为措施进行预控和纠错,从而排除流域生态系统的资源低效利用、关系不合理、自我调节功能低下等症状。

(2) 加强信息数字化建设

把大量单一分散的数据资料变成活的综合的信息资源,向用户提供灵活方便的查询检索、统计量算和列表制图的基本信息服务。在此基础上进行多因子的综合分析、定量评价、多目标决策,为合理开发利用流域的自然资源提供强有力的工具,使流域的生态管理建立在计算机化、模式化和科学化的水平上。

3. 建立科学合理的资金投入机制

坚持较高的投入是保证流域管理快速、健康发展的重要前提。不能单纯依靠政府的拨款,还要运用适当的经济调控机制筹集和激励企业和个人的投资。经济调控机制包括微观的水环境资源的产权化、市场化配置,如水环境容量、水资源的有偿使用,水使用权的市场交易,排污权的市场交易和宏观的水环境资源使用、补偿的税费制度等。按照"谁投资,谁经营,谁受益"的原则,鼓励企业、个人和外商投资,积极参与流域生态建设。建立健全水资源开发的生态补偿机制。加强对已有生态建设基金的管理,切实用于水土保持、植树种草等生态环境建设，提高资金的使用效益。

4. 建立完善生态管理法规、制度与监督执法体系

制定和完善相关法规和政策，加强水电开发规划、建设和管理过程中的生态环境监管。广泛深入地宣传有关法规和政策，提高全民的法制观念，加强监督，防患于未然，减少对自然资源和生态环境的破坏。

四、资源开发生态环境监管

1. 严格矿产资源开发生态环境监管

（1）严格矿产资源规划与采矿审批

矿山的开发利用必须符合矿产资源规划，坚持经济效益、社会效益和环境效益相统一，确保矿产资源科学、合理利用，鼓励规模化、集约化经营。严格禁止对生态环境有较大影响的矿产资源开发。

矿山布局要合理。所有矿产资源规划都要划分禁采区、限采区和开采区。新办矿山原则上都应建在规划开采区内。原在老矿山应按照"禁采区关停，限采区收缩，开采区集取"的要求，加快调整步伐，力争提前完成规划确定的目标任务。在自然保护区和其他生态脆弱的地区，严格控制矿产资源勘查开发活动。禁止在自然保护区、重要风景区和重要地质遗迹保护区内开采矿产资源；严格控制在生态功能保护区内开采矿产资源。限制在地质灾害易发区开采矿产资源，禁止在地质灾害危险区开采矿产资源。未经批准，不得在铁路、重要公路两侧一定距离以内开采矿产资源。

开采方案要科学。所有开采矿山不仅要编制开发利用方案，而且方案必须科学，要有合理的开采以及土地的功能定位，与周边的环境相协调。开发利用方案必须经过专家的评审，并征求社会公众的意见，做到尽可能完善。没有开发利用方案和环境影响评价报告，不得开采。

（2）开展生态恢复与治理工程

强化对资源环境的责任意识。谁破坏了矿产生态环境，谁就有责任和义务把它治理恢复好，这是采矿获益和环境治理权利与义务的统一。各新老矿业项目必须采取矿地恢复措施，矿业项目申请者须提交矿地恢复计划，报有关政府部门审批后执行，恢复计划中通常包含恢复内容、目标、措施、时间表和详细的成本估计。仅仅规定矿业经营者的矿地恢复义务是不够的，还必须采取一定的保证措施。矿业经营者为履行矿地恢复义务，必须按政府规定的数量和时间提交保证金。如果企业按规定履行了矿地恢复义务，政府将退还保证金；否则，政府可以动用这笔资金进行矿地恢复工作。

矿业活动结束后的环境恢复是矿山环境管理中的一个突出问题，相关政府部门要对资源开发活动的生态破坏状况开展系统的调查与评估，制定全面的生态恢复规划和实施方案，监督企业对矿山和取土采石场等资源开发区、次生地质灾害区、大型工程项目施工迹地开展生态恢复。加强生态恢复工程实施进度和成效的检查与监督。

（3）建立生态环境影响评价制度

解决矿产资源开发带来的生态环境问题不能单纯依赖治理工作，而应该防治结合。开展生态环境影响评价的目的是在项目规划阶段查明项目上马可能给项目所在地及比邻地区的生态环境带来的影响，据此提出避免或最大限度地减轻其不利影响的措施。

矿产资源开发活动对生态环境的影响主要包括：项目开发中基础设施用地将对地区发展、土地利用、生态环境、自然景观及环境容量产生影响；施工机械活动、施工生活区等临时占地将可能对生态环境及景观产生不同程度破坏；"三废"排放将污染水环境、空气环境、土壤环境、生态环境；采矿过程中排渣场建设对地形、植被的破坏，可能引起矿区生态环境发生变化；机器、生产活动噪声对野生动物活动的影响。

根据矿产资源开发项目具有生态破坏严重的特点，其环境影响评价一般突出环境敏感点、敏感区域的评价方法，所有可能给生态环境带来重要影响的项目，在获得审批前均应开展生态环境影响研究，提交生态环境影响评价报告书，供有关政府部门审查批准。以稀土、煤炭等为突破口强化矿产资源开发生态保护执法检查与评估，严格控制破坏生态系统的开发建设活动。加强对矿产开发造成生态破坏的评价和监管，防止生态环境事故发生。

（4）要完善法规政策

长期以来，人们注重的是矿产开发如何保证经济社会发展的需求。对于矿产资源开发的生态环境保护问题只有一些原则性的规定，还不够系统和完善。因此，需要尽快完善矿产资源开发与生态环境保护相协调的法规政策并严格执行，严格矿产资源开发的生态环境监管，明确监管职责，建立监管制度，强化监管工作，使矿产资源开发与生态环境保护相协调的各项政策措施落到实处，既保证利益格局的调整工作顺利进行，又保持社会的相对稳定。

2. 强化旅游资源开发活动的生态保护

环境保护与旅游资源，两者是互相制约又互相促进。开发旅游资源，发展旅游事业，给人类创造一个舒适优美的环境，也是环境保护的目的之一。旅游资源只有经过合理的开发利用和保护，才能使其发挥功能和效益。因此，在旅游资源开发中做好生态环境保护工作，有着重要的经济意义和社会意义。

（1）严格规范旅游资源开发活动

旅游资源开发要与自然环境相适应，着重环境保护和生态平衡。在大力开发旅游业的同时，一定要维护生态平衡，优化自然生境，突出地带性植被景观的规划保护，保证生物资源的多样性和可持续利用性，切不可盲目地、掠夺性和破坏性地开发利用资源。

旅游资源的开发活动要在专家论证的基础上，由专业管理部门统筹规划。在规划上要明确主体、突出重点、分步实施。各种服务保障设施的建设要依形就势，体现与环境的协调性，防止盲目追求新、奇、怪；在发展目标定位上要体现人与自然和谐相处、生态保护与旅游开发协调发展要求；食宿等基础设施建筑和观光景点的建设要合理布局，明确生态功能区划要求，合理划定优先开发、重点开发、限制开发和禁止开发主体生态功能区，明确不同区域的功能定位和发展方向，规范开发秩序，促进优化布局和资源的合理配置与可持续利用，不断完善生态功能。

（2）加大旅游区环境污染和生态破坏情况的检查力度

旅游业被称为"无烟工业"，指的是它不产生工业"三废"，但旅游业同样会产生污染。近年来，由于旅游资源的不合理开发而导致的生态环境被破坏的问题，已经十分突出。有部分景区由于管理者、经营者和游客的环保意识不强，生活污水和垃圾对景区的自然景观和生态环境造成很大破坏。比如，在现代旅游业中，宾馆、饭店排放的生活污水是不容忽视的污染源，餐厅、酒楼产生的废气和噪声成了居民的投诉热点，海滨旅游区的无度开发会导致破坏水生生物的生态平衡。这些都是旅游业发展给环境造成的危害，必须制定法规和措施保护环境。游客的大量涌入，产生巨大的污染源，破坏了生态环境。驰名中外的旅游胜地滇池和太湖，已成为全国污染较为严重的淡水湖泊，由此带来的生态环境问题已向我们敲响了警钟。

因此，在旅游资源开发中应加强生态环境保护工作，加大旅游区环境污染和生态破坏情况的检查力度，做好旅游规划中有关环境影响评价的审查、指导、督促工作，重点加强对重点生态功能区和生态敏感区域旅游开发项目的环境监管，始终坚持"预防为主，保护优先"的原则，将旅游资源开发对生态环境的影响降低到最低程度。

（3）鼓励开展生态旅游

与传统的旅游方式相比较，生态旅游以可持续发展的方式，利用当地自然资源和文化遗产，其核心是对旅游地生态环境的保护以及促进当地经济的发展。在欧洲，法国的诺曼底就是以乡村生态旅游而著称的。一座座村庄由取自海边的石头垒成，房屋一般不超过两层，外表也很粗糙，根本没有使用油漆。当地有限的接待能力有效地控制了游客的人数。在生态旅游中，人们时刻遵循"留下的只有脚印，带走的只有照片"的响亮口号，尽一切可能将旅游对当地的生态影响降低到最低。

生态旅游不能盲目地一哄而上，要以科学性、环保性为前提。发展生态旅游一定要坚持可持续发展的原则，注重对生态环境的保护。目前，我国作为旅游大国，旅游业已初步形成了以国际旅游为主导、国内旅游为基础、出境旅游为补充的发展格局。我们应该在旅游资源开发中，努力学习国内外生态环境保护的先进经验，牢固地树立"管家意识"，强调不要只盯着短期的经济利益，必须把生态环境保护放在更加突出的位置，应更多地考虑资源使用的长期利益。只有通过建立旅游资源开发和自然生态环境保护的共生关系，全面实施可持续发展战略，坚持不懈地搞好生态环境保护，才能推动旅游资源的可持续利用，保证社会经济健康发展。

（4）建立完整的科学管理体系

进一步健全旅游资源开发的行政管理体系、生产经营管理体系和生态环境保护管理体系，理顺责权利关系，各项工作要并重而不可偏废。加强景区工作人员的专业培训和环保知识培训，树立全体工作人员的自然优先、和谐持续发展观念。完善法律法规和相关政策，推动建立健全地方性的规章制度和标准办法，让执法者有法可依，对违法者违法必究。全方位地开展环境保护相关法律法规制度条例的宣传，提高当地居民和所有从业人员的环保意识。

第四节　自然保护区建设与管理

自然保护区是指对有代表性的自然生态系统、珍稀濒危野生动植物物种的天然集中分布区、有特殊意义的自然遗迹等保护对象所在的陆地、陆地水体或者海域，依法划出一定面积予以特殊保护和管理的区域。自然保护区的作用在于保留自然本底，储备物种，提供科教场所和保留自然界的美学价值，是现有条件下人类保护自然资源和濒危野生动植物最有效的手段，已成为生物多样性保护和研究的重要基地。

一、自然保护区的空间布局管理

我国自然保护区的建设早期遵循"抢救式保护，先划后建，逐步完善"的原则，并且受生物多样性保护研究方法和技术手段的制约，我国自然保护区的空间布局不合理。具体体现在两个方面：一是存在大量的保护空缺，许多重要保护物种的适宜生境不在自然保护区内，还有一些重要的野生动植物种群没有得到保护；二是自然保护区的孤岛与破碎化现象较为严重，自然保护区彼此隔离或者边界相连却核心区隔离，呈现明显的岛屿生态地理学特征，阻断了生物种群的交流。这种不合理的空间布局极大地限制了自然保护区的保护效果。

因此，在我国自然保护区的建设与管理过程中，首先要重视自然保护区的空间布局管理。积极推进中东部地区自然保护区发展，在继续完善森林生态系统自然保护区布局的同时，将河湖、海洋和草原生态系统及地质遗迹、小种群物种的保护作为新建自然保护区的重点。按照自然地理单元和物种的天然分布对已建自然保护区进行整合，通过建立生态廊道，增强自然保护区间的连通性。探索新建自然保护区的新机制，优化自然保护区空间布局。

自然保护区体系空间布局优化首先涉及空间选址优化，在大的尺度（如山系）上进行空间选址应考虑尽可能多的物种保护需求，以及物种之间的互补性。自然保护区体系空间布局优化的第二个层面就是自然保护区内部功能区的划分与优化，在小的尺度（如相对独立的物种种群分布区）上进行功能区划分应将边界相连的多个自然保护区作为一个自然保护区群予以考虑。在建立自然保护区时一定要统筹考虑、积极慎重，进一步按照全省生物多样性保护要求，优化自然保护区的空间布局，保护区的规模和范围要与保护需求相适应，也要与经济社会发展相协调。既要考虑生态系统和景观的完整性，又要考虑物种的迁徙与传布，做到选址正确、内部功能区划合理和外部交流通畅。

二、自然保护区的监督与管理

1. 完善自然保护区管理评估制度

完善自然保护区管理评估制度，逐步开展地方自然保护区的管理评估。管理评估的主要内容包括：管理机构的设置情况，管护设施状况，保护区面积和功能分区，管理规章、规划的制定和实施情况，资源本底、保护及利用情况，科研、监测、档案和标本情况，保护区内建设项目管理情况，旅游和其他人类活动情况，保护区与周边社区的关系，管理经费情况等。要组织专门的评估委员会开展评估工作。评估结果分为优、良、中、差四个等级，将在媒体上统一公布。有关建议将及时反馈给保护区管理机构和主管部门及自然保护区所在地政府，以便及时解决相关问题。

2. 健全自然保护区监测体系

构建"天地一体化"自然保护区监控体系，对自然保护区内自然生境变化开展生态监测，环境保护部的六个区域督查中心以及地方环保部门，根据监测信息到现场进行核查。"天地一体化"监控自然保护区，使得自然保护区内的生境变化以及一些违法的行为能够第一时间被发现。做好野外定点监测。在开展宏观遥感监测的同时，也要做好野外定点监测。根据不同自然保护区的特点，因地制宜、科学合理地制定自然保护区监测指标体系。

采用科学的监测方法。监测工作要有科学性、要严谨，监测方法要科学、标准要统一，不能凭空想象，随心所欲。只有这样，监测数据才准确、才有说服力。在制定科研监测方案时，首先要考虑采取什么样的监测方法，要进行充分的论证，一要科学、二要实际、三要能够施行，有国家标准的要严格执行国家标准。

做好监测数据的整理、分析和运用。一旦监测体系确立，监测工作正常开展后，保护区每年都会有大量的监测数据，因此，数据的整理和分析是非常必要的，要按照项目类别、时间、空间定期地进行整理、分析，不能把监测工作做成是机械式的重复、数据看成是死的东西，要经常性地用于实践，将数据活用，实现数据成果的真正价值。

3. 加强对自然保护区执法检查

执法检查的主要目的是督促自然保护区管理机构及有关主管部门认真贯彻执行有关自然保护区的法律法规和标准规范。主要内容包括：保护区的设立、范围和功能区的调整以及名称的更改是否符合有关规定；是否存在有关法律法规禁止的活动；是否存在违法的建设项目，是否存在超标排污情况；是否存在破坏、侵占、非法转让保护区土地或者其他自然资源的行为；旅游方案是否经过批准，是否符合法律法规规定和规划；管理机构是否依法履行职责；建设和管理经费的使用是否符合国家有关规定等。

自然保护区属禁止开发区域，在自然保护区核心区和缓冲区内禁止开展任何形式的开发建设活动。在自然保护区实验区进行的旅游开发建设必须符合自然保护区总体规划要求并严格履行报批程序，严禁未批先建，要遵循"区内旅游，区外服务"的要求，确定合理的游客总量，合理设计旅游区域与线路，防止过度开发对生态、资源和景观造成影响和破坏。

切实强化涉及自然保护区建设项目的监督管理。近年来，各种开发和建设活动对自然保护区形成了很大冲击，有的甚至造成了保护区功能和主要保护对象的严重破坏。各地要严格遵守《中华人民共和国自然保护区条例》的有关规定，不得在自然保护区核心区和缓冲区内开展旅游和生产经营活动。经国家批准的重点建设项目，因自然条件限制，确需通过或占用自然保护区的，必须按照《国家级自然保护区范围调整和功能区调整及更改名称管理规定》，履行有关调整的论证、报批程序。地方级自然保护区调整也要参照上述规定执行。涉及自然保护区的建设项目，在进行环境影响评价时，应编写专门章节，就项目对保护区结构功能、保护对象及价值的影响作出预测，提出保护方案，根据影响大小由开发建设单位落实有关保护、恢复和补偿措施。涉及国家级自然保护区的地方建设项目，环评报告书审批前，必须征得国家环境保护总局（现环保部）同意；涉及地方级自然保护区的地方建设项目，省级环保部门要对环境影响报告书进行严格审查。

加强自然保护区管理工作的监督检查。各级环保部门要按照《中华人民共和国自然保护区条例》等规定，认真履行综合监管职责，建立并完善自然保护区管理工作监督检查制度，加强对本辖区内自然保护区管理工作的指导和监督检查，分析自然保护区的保护状况和存在的问题，解决保护区管理机构工作中面临的实际困难，对于各种威胁和破坏自然保护区及其保护对象的违法犯罪行为，要会同有关部门依法严肃查处。对于因管理不善造成资源破坏的自然保护区，要亮黄牌警告，并要求限期整改。

三、自然保护区管护能力建设

实施自然保护区规范化建设和管理。进一步理顺自然保护区的管理体制，健全自然保护区的管理机构，加大经费投入。完善分级分类自然保护区规范化建设标准，选择一批国家级自然保护区开展示范建设，完善基础设施，健全管理机构和人员队伍，通过典型示范，全面带动自然保护区提高管护水平。在自然保护区开展原住民自愿、政府鼓励的生计替代示范。继续开展全国自然保护区基础调查与评价工作。对所有国家级自然保护区的边界范围和功能区划进行确认并向社会公布，推动土地确权。开展保护区数字化工程，制定数字化规范标准，建立全国自然保护区综合管理信息系统。

1. 完善自然保护区管理体制

（1）完善部门协调机制

进一步完善政府领导、环境保护部门统一监督管理、各有关部门分工负责的自然保护区管理体系。环境保护行政主管部门要完善自然保护区综合管理和协调工作机制，会同有关部门制定自然保护区的相关政策、规划、标准和技术规范，发布相关信息。各有关部门要加强协调配合，建立完善信息沟通机制，按照自然保护区管理职能分工，落实相关工作措施，组织对自然保护区范围、界限和功能区划进行核查、确认，完成划界立标工作，共同做好自然保护区管理工作。

（2）加强人才队伍建设

加强自然保护区人才队伍建设。要进一步做好自然保护区领导班子建设，强化管理人员、专业技术人才和技能人才的培养和使用；推行关键岗位培训，加强各类人员的业务培训，鼓励在职学习，不断提高人员素质；自然保护区要根据需要，吸纳大学生、研究生，改善人才队伍结构。自然保护区主管部门要制订人才发展和培训计划，并将人才保障作为自然保护区管理工作考核评估指标之一。

2. 健全资金投入和管理机制

（1）建立生态补偿机制

加快建立自然保护区生态补偿机制。规范涉及自然保护区开发建设活动的补偿措施。

同时，要多渠道筹措各级自然保护区管护基础设施的建设资金，积极争取社会资金投入，积极探索加强自然保护区建设、管理的有效经验和模式，提高规范化管理水平，切实把自然保护区建设好、管理好。

（2）加强保护区经费管理

加强经费的管理，确保经费有效地用于生态保护。现有经费机制或多或少地鼓励或引导保护区从事过度的基础设施建设，而非日常的保护监测、巡护和管理工作，这是目前保护区管理不善的重要原因之一。因此，政府的经费机制，如在经费申请、管理监督、奖励等方面，都应该引导使更高比例的经费应用于保护地管理人员素质提高、生物多样性监测和执法，使建立起来的保护区能够有效地开展保护工作，控制对基础设施建设的投资，特别是针对借用保护设施建设为名得到经费，实际却为发展生态旅游或其他经济发展做准备的现象。

3. 进一步开展自然保护区基础调查与评价工作

做好自然保护区的范围、界线和功能分区开展核查和确认工作，并经省环境保护行政主管部门和省级自然保护区主管及有关部门联合审核后予以发布。确保自然保护区内土地权属明确、界址清楚、面积准确、功能区合理。在核查和确认工作中，严禁借机撤销自然保护区或缩小自然保护区的范围。

定期开展全国生态环境和生物多样性状况调查和评价，并在各部门相关规划的基础上，统筹完善全国自然保护区发展规划。积极推进中东部地区自然保护区发展，在继续完善森林生态类型自然保护区布局的同时，将河湖、海洋和草原生态系统及地质遗迹、小种群物种的保护作为新建自然保护区的重点。按照自然地理单元和物种的天然分布对已建自然保护区进行整合，通过建立生态廊道，增强自然保护区间的连通性。对范围和功能分区尚不明确的自然保护区要进行核查和确认。设立其他类型保护区域，原则上不得与自然保护区范围交叉重叠；已经存在交叉重叠的，对交叉重叠区域要从严管理。

第五节 生物多样性保护

一、生物多样性保护优先区域的监督管理

1. 生物多样性保护优先区域

根据我国的自然条件、社会经济状况、自然资源以及主要保护对象分布特点等因素，将全国划分为8个自然区域，即东北山地平原区、蒙新高原荒漠区、华北平原黄土高原区、青藏高原高寒区、西南高山峡谷区、中南西部山地丘陵区、华东华中丘陵平原区和华南低山丘陵区。

综合考虑生态系统类型的代表性、特有程度、特殊生态功能，以及物种的丰富程度、珍稀濒危程度、受威胁因素、地区代表性、经济用途、科学研究价值、分布数据的可获得

性等因素，划定了 35 个生物多样性保护优先区域，包括大兴安岭区、三江平原区、祁连山区、秦岭区等 32 个内陆陆地及水域生物多样性保护优先区域，以及黄渤海保护区域、东海及台湾海峡保护区域和南海保护区域 3 个海洋与海岸生物多样性保护优先区域。

（1）内陆陆地和水域生物多样性保护优先区域

①东北山地平原区

本区包括辽宁、吉林、黑龙江省全部和内蒙古自治区部分地区，总面积约 124 万平方千米，已建立国家级自然保护区 54 个，面积 567.1 万公顷；国家级森林公园 126 个，面积 276.5 万公顷；国家级风景名胜区 16 个，面积 64.8 万公顷；国家级水产种质资源保护区 14 个，面积 4.9 万公顷，合计占本区国土面积的 8.45%。本区生物多样性保护优先区域包括大兴安岭区、小兴安岭区、呼伦贝尔区、三江平原区、长白山区和松嫩平原区。

保护重点：以东北虎、远东豹等大型猫科动物为重点保护对象，建立自然保护区间生物廊道和跨国界保护区。科学规划湿地保护，建立跨国界湿地保护区，解决湿地缺水与污染问题。在松嫩—三江平原、滨海地区、黑龙江、乌苏里江沿岸、图们江下游和鸭绿江沿岸，重点建设沼泽湿地及珍稀候鸟迁徙地、繁殖地、珍稀鱼类和冷水性鱼类自然保护区。在国有重点林区建立典型寒温带及温带森林类型、森林湿地生态系统类型，以及以东北虎、原麝、红松、东北红豆杉、野大豆等珍稀动植物为保护对象的自然保护区或森林公园。

②蒙新高原荒漠区本区包括新疆维吾尔自治区全部和河北、山西、内蒙古、陕西、甘肃、宁夏等省（区）的部分地区，总面积约 269 万平方千米，已建立国家级自然保护区 35 个，面积 1983.3 万公顷；国家级森林公园 40 个，面积 112.2 万公顷；国家级风景名胜区 7 个，面积 68.3 万公顷；国家级水产种质资源保护区 14 个，面积 63.1 万公顷，合计占本区域国土面积的 7.76%。本区生物多样性保护优先区包括阿尔泰山区、天山—准噶尔盆地西南缘区、塔里木河流域区、祁连山区、库姆塔格区、西鄂尔多斯—贺兰山—阴山区和锡林郭勒草原区。

保护重点：按山系、流域、荒漠等生物地理单元和生态功能区建立和整合自然保护区，扩大保护区网络。加强野骆驼、野驴、盘羊等荒漠、草原有蹄类动物以及鸨类、蓑羽鹤、黑鹳、遗鸥等珍稀鸟类及其栖息地的保护。加强对新疆大头鱼等珍稀特有鱼类及其栖息地的保护。加强对新疆野苹果和新疆野杏等野生果树种质资源和牧草种质资源的保护，加强对荒漠化地区特有的天然梭梭林、胡杨林、四合木、沙地柏、肉苁蓉等的保护。整理和研究少数民族在民族医药方面的传统知识。

③华北平原黄土高原区

本区包括北京市、天津市、山东省全部以及河北、山西、江苏、安徽、河南、陕西、青海、宁夏等省（区）部分地区，总面积约 95 万平方千米，已建立国家级自然保护区 35 个，面积 103 万公顷；国家级森林公园 123 个，面积 120 万公顷；国家级风景名胜区 29 个，面积 74 万公顷；国家级水产种质资源保护区 6 个，面积 2.3 万公顷，合计占本区国土面积的 3.03%。本区生物多样性保护优先区域包括六盘山—子午岭区和太行山区。

保护重点：加强该地区生态系统的修复，以建立自然保护区为主，重点加强对黄土高原地区次生林、吕梁山区、燕山—太行山地的典型温带森林生态系统、黄河中游湿地、滨海湿地和华中平原区湖泊湿地的保护，加强对褐马鸡等特有雉类、鹤类、雁鸭类、鹳类及其栖息地的保护。建立保护区之间的生物廊道，恢复优先区内已退化的环境。加强区域内特大城市周围湿地的恢复与保护。

④青藏高原高寒区

本区包括四川、西藏、青海、新疆等省（区）的部分地区，面积约173万平方千米，已建立国家级自然保护区11个，面积5632.9万公顷；国家级森林公园12个，面积136.3万公顷；国家级风景名胜区2个，面积99万公顷；国家级水产种质资源保护区4个，面积22.9万公顷，合计占本区国土面积的33.06%。本区生物多样性保护优先区域包括三江源—羌塘区和喜马拉雅山东南区。

保护重点：加强原生地带性植被的保护，以现有自然保护区为核心，按山系、流域建立自然保护区，形成科学合理的自然保护区网络。加强对典型高原生态系统、江河源头和高原湖泊等高原湿地生态系统的保护，加强对藏羚羊、野牦牛、普氏原羚、马麝、喜马拉雅麝、黑颈鹤、青海湖裸鲤、冬虫夏草等特有珍稀物种种群及其栖息地的保护。

⑤西南高山峡谷区

本区包括四川、云南、西藏等省（区）的部分地区，面积约65万平方千米，已建立国家级自然保护区19个，面积338.8万公顷；国家级森林公园29个，面积83.1万公顷；国家级风景名胜区12个，面积217.1万公顷，合计占本区国土面积的7.80%。本区生物多样性保护优先区域包括横断山南段区和岷山—横断山北段区。

保护重点：以喜马拉雅山东缘和横断山北段、南段为核心，加强自然保护区整合，重点保护高山峡谷生态系统和原始森林，加强对大熊猫、金丝猴、孟加拉虎、印支虎、黑麝、虹雉、红豆杉、兰科植物、松口蘑、冬虫夏草等国家重点保护野生动植物种群及其栖息地的保护。加强对珍稀野生花卉和农作物及其亲缘种种质资源的保护，加强对传统医药和少数民族传统知识的整理和保护。

⑥中南西部山地丘陵区

本区包括贵州省全部，以及河南、湖北、湖南、重庆、四川、云南、陕西、甘肃等省（市）的部分地区，面积约91万平方千米，已建立国家级自然保护区45个，面积218.7万公顷；国家级森林公园119个，面积77.3万公顷；国家级风景名胜区36个，面积88.6万公顷；国家级水产种质资源保护区16个，面积4.0万公顷，合计占本区国土面积的3.71%。

本区生物多样性保护优先区域包括秦岭区、武陵山区、大巴山区和桂西黔南石灰岩区。保护重点：重点保护我国独特的亚热带常绿阔叶林和喀斯特地区森林等自然植被。建设保护区间的生物廊道，加强对大熊猫、朱鹮、特有雉类、野生梅花鹿、黑颈鹤、林麝、苏铁、桫椤、珙桐等国家重点保护野生动植物种群及栖息地的保护。加强对长江上游珍稀特有鱼类及其生存环境的保护。加强生物多样性相关传统知识的收集与整理。

⑦华东华中丘陵平原区

本区包括上海市、浙江省、江西省全部，以及江苏、安徽、福建、河南、湖北、湖南、广东、广西壮族自治区等省（区）的部分地区，总面积约109万平方千米，已建立国家级自然保护区70个，面积184.5万公顷，国家级森林公园226个，面积148.9万公顷；

国家级风景名胜区 71 个，面积 175.5 万公顷；国家级水产种质资源保护区 48 个，面积 22.5 万公顷，合计占本区国土面积的 2.77%。本区生物多样性保护优先区域包括黄山—怀玉山区、大别山区、武夷山区、南岭区、洞庭湖区和鄱阳湖区。

保护重点：建立以残存重点保护植物为保护对象的自然保护区、保护小区和保护点，在长江中下游沿岸建设湖泊湿地自然保护区群。加强对人口稠密地带常绿阔叶林和局部存留古老珍贵动植物的保护。在长江流域及大型湖泊建立水生生物和水产资源自然保护区，加强对中华鲟、长江豚类等珍稀濒危物种的保护，加强对沿江、沿海湿地和丹顶鹤、白鹤等越冬地的保护，加强对华南虎潜在栖息地的保护。

⑧华南低山丘陵区

本区包括海南省全部，以及福建、广东、广西、云南等省（区）的部分地区，总面积约 34 万平方千米，已建立国家级自然保护区 34 个，面积 92 万公顷；国家级森林公园 34 个，面积 19.5 万公顷；国家级风景名胜区 14 个，面积 54.3 万公顷；国家级水产种质资源保护区 2 个，面积 511 公顷，合计占本区国土面积的 2.91%。本区生物多样性保护优先区域包括海南岛中南部区、西双版纳区和桂西南山地区。

保护重点：加强对热带雨林与热带季雨林、南亚热带季风常绿阔叶林、沿海红树林等生态系统的保护。加强对特有灵长类动物、亚洲象、海南坡鹿、野牛、小爪水獭等国家重点保护野生动物以及热带珍稀植物资源的保护。加强对野生稻、野茶树、野荔枝等农作物野生近缘种的保护。系统整理少数民族地区相关传统知识。

（2）海洋与海岸生物多样性保护优先区域

我国海洋资源丰富，海洋沿岸湿地是鸟类的重要栖息地，也是海洋生物的产卵场、索饵场和越冬场。目前，我国已建成各类海洋保护区 170 多处，其中国家级海洋自然保护区 32 处，地方级海洋自然保护区 110 多处；海洋特别保护区 40 余处，其中，国家级 17 处，合计约占我国海域面积的 1.2%。

本区的保护重点是辽宁主要入海河口及邻近海域，营口连山、盖州团山滨海湿地、盘锦辽东湾海域、兴城菊花岛海域、普兰店皮口海域，锦州大、小笔架山岛，长兴岛石林、金州湾范驼子连岛沙坝体系，大连黑石礁礁群、金州黑岛、庄河青碓湾，河北唐海、黄骅滨海湿地，天津汉沽、塘沽和大港盐田湿地，汉沽浅海生态系、山东沾化、刁口湾、胶州湾、灵山湾、五垒岛湾，靖海湾、乳山湾、烟台金山港、蓬莱—龙口滨海湿地，山东主要入海河口及其邻近海域，潍坊莱州湾、烟台套子湾、荣成桑沟湾，莱州刁龙咀沙堤及三山岛，北黄海近海大型海藻床分布区，江苏废黄河口三角洲侵蚀性海岸滨海湿地、灌河口，苏北辐射沙洲北翼淤涨型海岸滨海湿地、苏北辐射沙洲南翼人工干预型滨海湿地、苏北外沙洲湿地等，以及黄海中央冷水团海域。

2. 开展生物多样性调查、评估与监测

（1）开展生物物种资源和生态系统本底调查

开展生物多样性保护优先区域的生物多样性本底综合调查。包括生物物种资源的种类和种群数量、生态系统类型、面积和保护状况等，评估生物多样性受威胁状况，提出各优先区域自然保护区网络设计、生物多样性监测网络建设和应对气候变化的生物多样性保护规划。

针对重点地区和重点物种类型开展重点物种资源调查，建立国家和地方物种本底资源编目数据库。定期组织全国野生动植物资源调查，并建立资源档案和编目。

开展河流湿地水生生物资源本底及多样性调查。开展长江、珠江、黄河、黑龙江等江河和鄱阳湖、洞庭湖、太湖、青海湖等湖泊水生生物资源的种类、种群数量和生存环境调查并编目，评估主要水生生物资源，特别是鱼类资源的受威胁状况，并提出保护对策。

以边远地区和少数民族地区为重点，开展地方农作物和畜禽品种资源及野生食用、药用动植物和菌种资源的调查和收集整理，并存入国家种质资源库；重点调查重要林木、野生花卉、药用生物和水生生物等种质资源，进行资源收集保存、编目和数据库建设。对我国少数民族地区体现生物多样性保护与持续利用的传统作物、畜禽品种资源、民族医药、传统农业技术、传统文化和习俗进行系统调查和编目，查明少数民族地区传统知识保护和传承现状，建立我国少数民族传统知识数据库，促进传统知识保护、可持续利用建设国家生物多样性信息管理系统。对国内现有生物多样性数据库进行系统整理，根据生态系统、物种、遗传资源、就地保护、迁地保护、生物标本、法规政策等内容，分层次、分类型建立数据库，研究提出生物多样性信息共享机制，逐步形成全国生物多样性信息管理系统。

（2）开展生物多样性综合评估

开发生态系统服务功能、物种资源经济价值评估体系，开展生物多样性经济价值评估的试点示范。对全国重要生态系统和生物类群的分布格局、变化趋势、保护现状及存在问题进行评估，定期发布综合评估报告。建立健全濒危物种评估机制，定期发布国家濒危物种名录。

评估气候变化对我国重要生态系统、物种、农林种质资源和生物多样性保护优先区域的影响，制定评估指标体系。研究气候变化对生物多样性影响的监测技术，建立相应的监测体系，提出应对措施和对策。

在全国范围内开展传染性动物疫源疫病本底调查，摸清传染性动物疫源疫病现状、空间分布及发展趋势。建立疫源疫病信息数据库，进一步分析疫源疫病分布与生物多样性的关系，并评估其对生物多样性的影响。

（3）开展生物多样性监测和预警

建立生态系统和物种资源的监测标准体系，推进生物多样性监测工作的标准化和规范化。开发针对不同生态系统、物种和遗传资源的监测技术，研究制定生物多样性监测标准体系。依托现有的生物多样性监测力量，提出全国生物多样性监测网络体系建设规范，并开展试点示范。加大生态系统和不同生物类群监测的现代化设备、设施的研制和建设力度，构建生物多样性监测网络体系，开展系统性监测，实现数据共享。

开发生物多样性预测预警模型，建立预警技术体系和应急响应机制，实现长期、动态监控。建立农业野生植物保护点监测预警系统，以现有的农业野生植物保护点为对象，每个物种选择1～2个保护点进行系统研究，制定监测指标，建立保护点监测和预警信息系统，提高监测和预警能力。

3. 开展生物多样性保护示范

在自然本底状况较好、生物多样性丰富的区域，开展生物多样性保护示范，探索保护与发展"双赢"模式。在生物多样性重要、生态环境脆弱敏感但已经受到不同程度破坏的区域，开展恢复示范工程，探索社区公众参与的生物多样性恢复模式。在生物多样性丰富的贫困地区，开展减贫示范工程，通过生物多样性的可持续利用，提高发展水平，探索保护、发展和减贫相互促进的管理模式。在人类活动强度较大的、未采取保护措施的重要野生植物遗传资源分布地、重要生物廊道、野生动物迁徙停歇地等敏感区域，研究建立生物多样性保护小区予以保护。

二、生物物种资源保护与管理

完善生物物种资源出入境制度。编制生物物种资源出境管理名录，严格控制珍稀、濒危、特有以及具有重要生态或经济价值的野生生物物种出境。探索建立生物资源采集、运输、交换等环节的监管制度。加强生物物种资源迁地保护场所的监管。逐步建立生物遗传资源获取和惠益分享制度，加强与遗传资源相关的传统知识调查和整理，逐步实现文献化、数据化。

1. 完善生物物种资源出入境制度

我国是世界上生物遗传资源最丰富的国家之一，也是发达国家搜取生物遗传资源的重要地区。过去的一两百年间，我国大量的物种及其遗传资源被国外研究人员和商业机构搜集引出。一些资源在国外经生物技术加工后，形成专利技术或专利产品再销至国内，造成国家利益的重大损失。我国流失的物种及遗传资源大部分是通过非正常途径流入国外，除了国外人员和国外机构的非法搜集、走私、剽窃外，还包括邮寄国外、出境携带、对外研究合作带出等方式，而进出境管理制度的不完善是导致许多生物物种及遗传资源流失国外的直接原因。为加强物种及遗传资源保护，防止物种及遗传资源的大量流失，我们需要从以下几个方面进一步完善出入境管理制度：

（1）加强对公众的宣传教育

在各个出入境口岸设置海关、检验检疫宣传标识、公告栏，发放检验检疫宣传册，加大宣传力度；系统地通过媒体、网络、科普读物、生物物种保护宣传周（日、月）等多种方式开展国家对生物物种资源保护的法律法规宣传，以提高出境旅客及公众，特别是科研人员和涉外人员的生物物种资源保护及自觉守法意识。

（2）建立生物物种资源出入境查验制度

加强对生物物种资源出入境的监管，对禁止和限制出入境的生物物种品种及出入境审批方式作出明确和具体的规定。携带、邮寄、运输生物物种资源出境的，必须提供有关部门签发的批准证明。涉及濒危物种进出口和国家保护的野生动植物及其产品出口的，需取得国家濒危物种进出口管理机构签发的允许进出口证明书。出入境检验检疫机构、海关要依法按照各自职责对出入境的生物物种资源严格执行申报、检验、查验的规定，对非法出入境的生物物种资源，要依法予以没收。

（3）配备先进查验、检测设备

携带生物物种资源出境的载体多种多样，可以是传统的动植物活体及其部分或其标本，也可以是菌株、组培体、胚胎，甚至可能是细胞培养液、克隆载体等，可以随身携带，也可以夹杂在行李之中，除了传统的动植物活体及其标本外，海关现行常用设备很难检查出来。因此要开发和引进新技术新设备，在全国 31 个省、市、自治区的 148 个旅客和国际邮件进出境重点口岸配备先进的查验、检测设备，加大出入境查验、检测力度。

（4）加强培训，提高查验、检测准确度

生物物种资源多种多样，既包括植物、动物和微生物物种，又包括物种以下的分类单位及其遗传材料，这对口岸执法人员的专业甄别知识有很高的要求。要加强专业知识培训，分批为一线工作人员举办相关知识的培训，使一线工作人员了解和掌握生物物种有关基本知识，增强查验、检测意识，提高查验、检测准确度。在动、植物分类鉴定等技术力量比较缺乏的方面，要配备专门从事生物物种资源检验检测的专业人员。

（5）加强快速检测技术设施建设

研究建立快速、灵敏的核酸鉴定方法，建立生物资源的物种和品种指纹图谱，制定标准检测方法，研制标准检测试剂，并研究建立标准化生物资源指纹图谱数据库。并在北京、上海、广州、昆明、厦门建立生物物种资源出入境检测鉴定实验室。

2. 加强与遗传资源相关的传统知识保护

传统知识是指当地居民或地方社区经过长期积累和发展、世代相传的，具有现实或者潜在价值的认识、经验、创新或者做法。与生物物种资源相关的传统知识在食品安全、农业和医疗事业的发展中，发挥着重要的作用。我国历史悠久，民族众多，各族劳动人民在数千年的实践中，创造了丰富的保护和持续利用生物多样性的传统知识、革新和实践。

近年来，与生物物种及遗传资源相关的传统知识保护问题已经成为《生物多样性公约》（CBD）和世界知识产权组织（WIPO）乃至世界贸易组织（WTO/TRIPS）等关注的重要议题，也是发展中国家与发达国家争论的焦点之一。

《生物多样性公约》提出，鼓励公平分享因利用土著传统知识、创新和实践而产生的惠益，要求各缔约国，依照国家立法，尊重、保护和维持土著和地方社区体现传统生活方式并与生物多样性保护和持续利用相关的知识、创新和实践，促进其广泛利用，鼓励公平地分享因利用此等知识、创新和做法而获得的惠益。

随着履行《生物多样性公约》的深入，传统知识对于生物遗传资源的利用以及生物多样性保护的作用日益显现，成为《生物多样性公约》后续谈判新的热点问题。2004 年，《生物多样性公约》第七次缔约方会议已决定成立"传统知识特设工作组"，研究在习惯法和传统做法的基础上建立保护传统知识的专门制度。

（1）传统知识保护存在的困难

①权属不明确

传统知识往往被视为公知领域的知识，权属不明确。许多与生物物种及遗传资源相关的传统知识是传统群体共同创造并世代相传的成果，其权属关系复杂，有的很久以前就已经文献化，或者以其他方式进入公知领域；还有的是以严格保密的方式由直系亲属或者师傅口头传授，没有文献化资料。这些都给传统知识的知识产权保护增加了难度。

②专利难申请

现有专利制度要求，申请专利必须符合新颖性、创造性和实用性三个标准。传统知识因其公知性，不符合其新颖性条件。有些传统知识如传统的中药、藏药等，不像西药那样可以确切地表达其分子结构，难以清晰地界定其保护范围。另外，中药等复方是由多味中药材制成的产品，增减药味可能难以确定其侵权行为。

③传统知识流失及失传现象严重

许多传统知识在尚未获得现代知识产权制度充分认可之前就已经流失国外，并被广泛流传和商业开发利用，而传统知识的持有人却不能分享利益。

（2）加强传统知识保护工作

①开展中医药传统知识调查、登录与编目

建立国家传统医药知识登记制度，使用统一标准，记录整理传统医药知识、疗法、原产地区、发明年代、知识持有人（社区）、使用历史、惠益分享实践、资源现状、引出或流失情况。

②开展与遗传资源相关传统知识的调查、登录与编目

开展与遗传资源相关的传统知识、创新及实践方面的调查，重点是传统品种资源和传统栽培与育种技术的调查和文献化整理，包括品种资源的性状特性、遗传组成、生物学特性、特别优良性状、选育和栽培年代、原始培育社区、保存地、品种权人、引出推广地区、产生效益和惠益分享情况等。

③开展与生物多样性相关的传统农业方式和传统民族文化的调查、登录与编目

包括传统加工技术、农业生产方式和与生物多样性保护与持续利用相关的民族习俗、艺术、宗教文化和习惯法等。整理、评估和研究其知识的内核、文化根源、发展历史、对生物多样性影响效果、原产地、影响范围、推广应用等。

④采取适当措施，有效保存、继承和发展具有应用价值的传统实用技术，特别是总结推广对生物多样性有利的农业生产技术

集中力量在对西南、西北地区少数民族农业传统知识和技术进行总结和推广。利用生态学理论和现代先进技术，对传统知识和技术进行理论总结和技术改良。

⑤研究制定传统知识保护政策、法规与制度

研究保护传统知识的特殊制度，建立遗传资源及相关传统知识来源的合法性证明制度。开展传统知识知识产权性质及其保护方式的研究工作，争取在理论研究和相关保护制度的建设方面有所进展，加强传统知识管理的能力建设。

⑥建立生物遗传资源及相关传统知识保护、获取和惠益共享的制度和机制

完善专利申请中生物遗传资源来源披露制度，建立获取生物遗传资源及相关传统知识的"共同商定条件"和"事先知情同意"程序，保障生物物种出入境查验的有效性。建立生物遗传资源获取与惠益共享的管理机制、管理机构及技术支撑体系，建立相关的信息交换机制。

3. 加强生物物种资源迁地保护场所的监管

迁地保护是指为了保护生物多样性，把因生存条件不复存在，物种数量极少或难以找到配偶等原因，而生存和繁衍受到严重威胁的物种迁出原地，移入动物园、植物园、水族馆和濒危动物繁殖中心，进行特殊的保护和管理，是对就地保护的补充。迁地保护是为行将灭绝的生物提供生存的最后机会。一般情况下，当物种的种群数量极低，或者物种原有生存环境被自然或者人为因素破坏甚至不复存在时，迁地保护成为保护物种的重要手段。通过迁地保护，可以深入认识被保护生物的形态学特征、系统和进化关系、生长发育等生物学规律，从而为就地保护的管理和检测提供依据，迁地保护的最高目标是建立野生

群落。

加强迁地保护场所监管，科学合理地开展物种迁地保护体系建设。开展动物、植物、微生物和水生生物（包括海洋生物）等迁地保护物种的调查、整理、收集和编目工作，合理规划迁地保护设施的数量、分布及规模，建立数据库和动态监测系统，构建迁地保护生物物种资源体系。全面保护和利用迁地保护的重要生物物种资源，加强其物种基因库的功能。建立和完善国家植物园体系，统一规划全国植物园的引种保存，提升植物园迁地保护的科学研究水平。完善"西南地区野生物种种质资源保存基地"，建设"中东部地区种质资源库"。扩展、充实野生动物繁育体系，开展对动物园和野生动物繁育中心的科学评估，合理规划动物园和野生动物繁育中心的建设，规范各类野生动物驯养繁育场所及其商业活动，保护知识产权，公平分享因利用生物遗传资源而产生的惠益。

4. 加强生物资源采集、运输、交换等环节的监管

针对本地区生物物种资源管理工作中存在的突出问题和薄弱环节，相关部门要加强生物资源采集、运输、交通等环节的监管，抓紧地方性法规、规章和制度的建设，规范生物物种资源采集、收集、研究、开发、买卖、交换等活动。

（1）加强对生物资源采集环节的监管

野生动植物资源并不是取之不尽的，盲目地乱采滥挖、乱捕滥猎会造成资源枯竭。我国主要经济鱼类之一的大黄鱼，大黄鱼在20世纪70年代年产约13万吨骤减到80年代的4万吨，而到了1993年仅为3.4万吨。樟属植物是重要的芳香油资源，由于近年来的盲目开采，除山苍子油有一定数量外，其余大多已不能列入稳定产量的商品。蕨类植物金毛狗，由于其根茎上的鳞片能止刀伤出血，有重要的药用价值，另外，其根茎外形美观，适于制作工艺品。因此，近年来大量挖取，导致金毛狗的资源严重匮乏。各地应根据自身生物资源的不同特点，因时因地制宜，制定出有利于保护生物资源的采集规定，内容包括采集时间、采集范围、采集量及采集工具的使用问题等，保证野生动植物资源的可持续利用。加强对捕猎、采伐行为的执法检查，加强对违规捕猎、采伐行为的打击力度，严禁捕杀、采伐国家重点保护的珍稀、濒危野生动植物，违者应予以严惩。

（2）加强运输、交换等环节的监管

承运野生动植物及其产品的单位或个人，必须持有县以上主管部门核发的准运证和检疫证，否则不得承运。经营野生动植物及其产品的省有关单位，应按当年收购总值的百分之五提取资源保护管理费，上缴省野生动物资源主管部门。资源保护管理费应当用于野生动物资源的保护管理工作，不得移作他用。开展野生动物产品的标记制度。一是维护合法生产经营者权益。标记后产品即可视为合法生产经济的野生动植物产品，无须在各个环节重新进行核实和审批，使其合法生产经营过程更为便利和高效，以避免因烦琐申报程序，提高生产经营的时效性；二是便于加大对非法生产经营行为的打击力度。野生动植物制成品难以识别一直是保护执法中面临的主要困难之一，通过标记，可十分明显地将非法生产和合法生产的产品区别开来，便于执法人员执法查处，有利于提高执法效率，也有利于消费者自我保护，自觉抵制非法生产的产品。

三、生物安全管理

加强转基因生物风险管理。认真履行生物安全有关国际公约，依据有关法律法规健全生物安全特别是转基因生物安全技术标准、安全评价、检测监测和监督管理体系，提高安全监管能力。制订转基因生物环境释放环境风险评价导则，科学评估转基因生物对生态环境和生物多样性的潜在风险。建立转基因生物环境释放监管机制，组织开展转基因生物环境释放跟踪监测。

加强外来入侵物种风险管理。加强防范外来有害生物入侵的防御体系建设，完善进境生物安全防范体系，防范转基因生物、微生物菌剂非法越境转移和无意越境转移。开展自然环境中外生物种调查和风险评估，建立数据库，构建监测、预警和防治体系。

认真落实《进出口环保用微生物菌剂环境安全管理办法》，出台环保用微生物环境安全评价技术导则，加大进出口环保用微生物的环境安全监管力度。

1. 加强转基因生物风险管理

以基因工程为代表的现代生物技术得到了迅猛的发展，并广泛应用于农业、医药、林业、水产、食品、环保等国民经济和社会发展的重要行业和领域，取得了巨大的经济和社会效益。但是，转基因生物环境释放也可能产生诸如杂草化、生态入侵、基因漂移和破坏生物多样性等全球关注的环境问题。目前，如何从技术方法上科学地评估转基因生物环境释放的风险已成为国际生物安全领域最重要的研究主题之一。

无论是转基因植物，还是转基因动物和微生物，其风险评估一般都由危险识别、风险估算和风险评价 3 个连续过程组成，这些过程可分解为下列 7 个步骤：第一步，查明与该转基因生物有关的各种危险；第二步，确定在特定释放环境条件下，每种危险是如何发生的；第三步，如果在特定的释放环境条件下可能发生某些危险，则应估算这些危险产生的潜在危害程度；第四步，针对可能产生危害的每种危险，估算其发生的概率；第五步，根据"风险（R）：危险产生的潜在危害程度（M）×危险发生的概率（p）"，估算每种危险的风险；第六步，综合评价转基因生物在环境释放过程中，所有危险可能产生的总体风险；第七步，根据"转基因生物环境释放可能产生的总体风险水平"与"可接受的风险水平"比值的大小，科学地确定转基因生物是否能够在该环境条件下进行释放。

按照转基因生物可能产生的潜在危险程度，将转基因生物环境释放可能产生的风险分为下列 4 个水平：

风险水平Ⅰ：该转基因生物环境释放对生物多样性、人类健康和环境尚不存在危险；
风险水平Ⅱ：该转基因生物环境释放对生物多样性、人类健康和环境具有低度危险；
风险水平Ⅲ：该转基因生物环境释放对生物多样性、人类健康和环境具有中度危险；
风险水平Ⅳ：该转基因生物环境释放对生物多样性、人类健康和环境具有高度危险。

各地环保部门要广泛开展转基因生物环境释放环境风险评价，建立转基因生物环境释放监管机制，组织开展转基因生物环境释放跟踪监测，严格控制转基因生物的环境释放，维护地区的生态环境和生物多样性，以及人民群众的健康和安全。

2. 加强外来入侵物种风险管理

外来入侵物种已成为严重的全球性环境问题，是导致区域和全球生物多样性丧失的最重要因素之一。全球经济一体化、国际贸易、现代先进交通工具、蓬勃发展的观光旅游事业等因素，为外来入侵物种长距离迁移、传播、扩散到新的生境中创造了条件，高山大海等自然屏障的作用已变得越来越小。外来入侵物种对农林业、贸易、交通运输、旅游等相关行业和生物多样性造成了巨大的损失。

外来物种风险评估一般分为三个阶段：第一阶段进行评估前的准备，收集评估范围基础信息，确定拟评估的外来物种，决定是否进行风险评估；第二阶段开展风险评估，分析引进、建立自然种群、扩散的可能性和生态危害的程度；第三阶段做出结论，提出优化方案或替代方案。

加强外来入侵物种风险管理，在做好外来物种风险评估的同时，还要做好外来物种调查。采用实地调查、拍照、采访、统计等方法，弄清环境中外来物种的种类、数量以及分布情况，以及其对生态环境和生物多样性的影响。建立数据库，构建监测、预警和防治体系，以保护当地的生物多样性和生态安全。

3. 加强环保用微生物的环境安全监管

随着我国环境保护事业不断发展，环保用微生物菌剂在水、大气、土壤、固体废物污染的检测、治理、处理和修复中发挥着非常积极和重要的作用，环保用微生物菌剂的进出口经营活动也越来越多。然而，微生物有着随环境的改变而发生变异的特性，对环境和人体健康有着潜在的风险，需要规范和严格管理。

（1）严格进出口微生物菌剂样品的检测

菌剂成分检测是环保用微生物检验检疫的基础工作。通过专业检测技术，查明环保用微生物菌剂中所含有的主要微生物种类，并与国内外已经公布的有害微生物名录进行比对，确定其中是否含有已知的对人体健康、动植物和生态环境具有风险或者危险的微生物。

（2）开展环境安全评价

环境安全评价是从源头控制环境风险的重要手段，是环保用微生物菌剂环境影响评价的重要内容。在成分检测的基础上，结合环保用微生物菌剂的使用目的、时间、地点、规模等因素，并考虑安全控制措施和应急措施，对环保用微生物菌剂应用过程中可能产生的主要风险做出评价和判断，最后得出环保用微生物菌剂环境安全性的评价结论。

（3）加强监督管理

环境保护部对进出口环保用微生物菌剂环境安全实施监督管理。各省、自治区、直辖市环境保护行政主管部门对辖区内进出口环保用微生物菌剂环境安全实施监督管理。国家质量监督检验检疫总局统一管理进出口环保用微生物菌剂的卫生检疫监督管理工作；国家质量监督检验检疫总局设在各地的出入境检验检疫机构对辖区内进出口环保用微生物菌剂实施卫生检疫监督管理。在实际操作中，环保部门根据环保用微生物环境安全评价专家委员会对进出口环保用微生物菌剂安全评审意见结果，对符合规定的环保用微生物菌剂出具《环保用微生物菌剂样品环境安全证明》。质检部门将《环境安全证明》作为依据，依法进行微生物出入境卫生检疫审批。

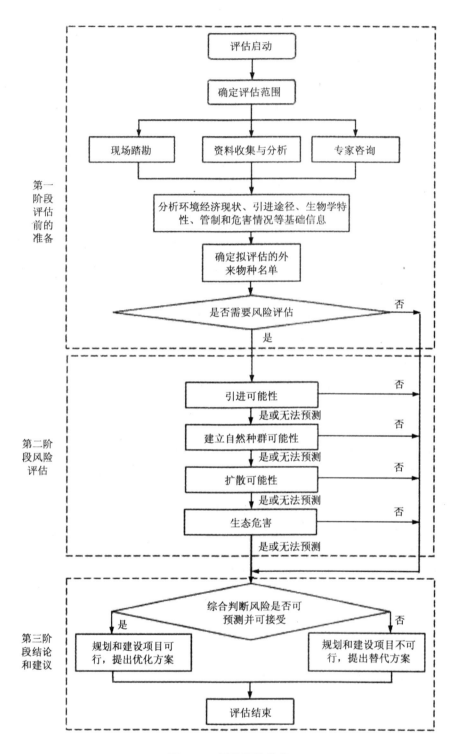

图 3－2　风险评估流程

四、生物多样性保护的国际合作

积极参加《生物多样性公约》及其议定书的相关会议和谈判，切实维护国家权益。组织开展"联合国生物多样性十年中国行动"。组织开展生物多样性适应气候变化、生物燃料生产、海洋与海岸生物多样性保护、公海保护区、遗传资源获取和惠益分享、转基因生物跨境转移环境影响等国际履约热点问题的跟踪研究，为履约工作提供支撑。加强南北合作和南南合作。

1. 积极履行《生物多样性公约》

国际社会已经认识到，促进国家政府间和非政府组织之间的国际、区域和全球合作，对生物多样性保护及其组分的持续利用是至关重要的。1992 年 6 月，在巴西首都巴西利亚召开的联合国环境和发展大会通过了《生物多样性公约》（以下简称《公约》），到 2010 年，全世界已经有 193 个缔约国，其中 168 个国家签署了《公约》。中国参与了《公约》起草谈判的全过程，中国政府是最早批准《公约》的国家之一，并认真参与了《公约》缔约国的三次会议，为会议取得成果作出了贡献。

保护生物多样性是一个世界性的问题，《公约》和缔约国大会提供了一个在国际层面上解决问题的平台。我国要积极履行《公约》，在保护生物多样性的问题上加强与世界各国的合作与交流，具体要注意以下两点：

一是全过程参与《公约》谈判，积极关注议题的动态变化，将国家履约实践反馈到《公约》中，并通过谈判维护我国利益，保证尚有争议的议题朝着有利于我国和世界生物多样性保护的方向发展。二是把握缔约国大会决议和议题变化趋势，基于我国生物多样性保护的情况，在资源有限的情况下，分级实施《公约》的保护条款，寻找出生物多样性保护的重点、难点和关键点，有针对性地分配人力、物力和资源，促进《公约》的逐渐履行。并根据履约国际动态及时调整优先顺序。

2. 开展"联合国生物多样性十年中国行动"

2010 年 10 月在日本名古屋召开的《公约》第 10 届缔约方大会上，制定并通过了"生物多样性战略计划（2011—2020）和爱知生物多样性目标"，并向联合国第 65 届大会呼吁设立"生物多样性十年"，以期推动各缔约方落实这项计划；同年 12 月，联合国第 65 届 161 次会议决定，宣布 2011—2020 年为"联合国生物多样性十年"。

为了认真履行 2010 年国际生物多样性年的任务，我国应开展"联合国生物多样性十年中国行动"，结合我国实际情况，做好生物多样性保护和管理工作。组织开展生物多样性国际履约热点问题的研究，为履约工作提供支撑。

（1）加强生物多样性的基础性和综合性的研究

生物多样性的含义非常广泛和深刻，不是任何人在短期内就能弄清的。如果基础工作没有做好，许多更深入更实用的任务就难以完成。因此，对生物多样性编目、生物多样性关键地区和热点地区科学的确定、重要生态系统生态关键种和经济关键种的确定等一些工作是不能忽视的。东亚特有、我国占据面积最大的湿润亚热带地区和我国从亚热带向热带过渡的北热带地区，生物多样性丰富而独特，但研究很不够，应更准确地划出关键地区和热点地区，组织足够的人力大力开展，以填补世界生物多样性保护和研究的空白。我国海洋生物多样性保护和研究也较欠缺，今后应列为重点，大力开展。同样，生物多样性的综合研究也十分重要，因为它本身就是一个综合性概念，不开展综合性研究就不能科学地去认识它，因此，对生态系统中物种之间及其与环境之间的相应关系的研究必须加强，对不同区域不同生态系统的能量转化、水分动态、氮素与营养元素的循环、食物链的关系和规律、生物生产力、经济生产力以及生态系统管理途径的研究和实施要给予充分的关注。这样，生物多样性保护和持续利用的规划才能科学地制定，区域生态平衡才得以维持。

（2）加强对驱动生物多样性变化因素的监测和分析

生物多样性的产品和效益与人类的利益密切相关，它的变化实质上就是人类利益的变化。这些变化，明显地就是由于全球气候变化、土地利用不善造成环境退化或碎化、自然资源过分开拓、人类各种生产活动造成大气、水域和土壤污染、有意无意地造成大量入侵种等所造成；同样，人口增长、全球经济发展政策、管理体制和文化价值等也常影响到资源分配和利用不当，所有上述驱动生物多样性变化的因素可能不以人的意志为转移不断地在运作着，它们可能是继续的或突然发生的灾难事件，常常跨越时间、空间和管辖范围在相互作用，并且在生态系统水平上扩大，例如，气候变化可能对某些区域带来雨量和径流的增加，使另一些区域面临周期性的干旱和较强大的飓风；许多区域呈现物种组成和分布的变化，它们将在景观生态范围上产生影响，并波及生物多样性产品和效益的提供，从而对人类利益有直接影响；但是，如果人们善于运用和控制它们，也可产生正面的影响，例如森林恢复扩大绿色覆盖，减少了农地，但也改善着小气候和水文情况与水的质量，增加物种多样性，为保护区域生态安全发挥更大的作用。所有这些都需要进行长期的监测，才能进行深入研究分析，提出相应的对策。

3. 加强国内外的合作和交流

生物多样性保护是一项国际性事业，加强国内外合作和交流是一项基本任务。建立跨界保护区和姐妹保护区是开展合作交流最有效的途径，前者是处在两个国家之间或一个国家内不同行政区界两侧的一些保护区，通过不同形式的合作管理来达到更好的保护效果和预期目的；后者一般是两个国家或一个国家不同行政区域选择管理类型类似的保护区，通过合作交流，促进彼此管理水平不断提高，以达到预期的目的。

今后在努力做好本国工作的同时，我国将更加积极地参与生物多样性的国际事务，发挥我们的作用，与各国人民一起，以实现保护和可持续利用生物多样性并公平合理利用遗传资源产生的惠益为目标而努力。

思考题

1. 我国生态保护面临的主要问题有哪些？
2. 如何划分生态红线？
3. 强化国家及区域生态功能保护，要从哪些方面入手？
4. 如何加强自然保护区的建设和管理？

第四章　水环境污染

学 习 目 标

　　通过本章学习，了解我国水资源现状与水循环类型；熟悉水质指标与水环境质量标准、水中主要污染物及来源；掌握水环境容量与污染物在水体中的运动特点。

第一节　水资源概述

一、水资源与水循环

1. 水资源

　　水是地球上分布最广的物质，是人类环境的一个重要组成部分。据水文地理学家的估算，地球上的水资源总量约为 13.8 亿 km^3，其中 97.5％是海水，2.5％是淡水，淡水中绝大部分为极地冰雪、冰川和地下水，适宜人类享用的仅为 0.01％。

　　我国水资源形势是比较严峻的。尽管我国有许多河流、湖泊和水库，总水面积约 1.67 亿平方米，年均径流量 2.8 万亿立方米，居世界第 6 位，但人均仅为 $2545m^3$，不到世界人均值的 1/4。特别是水资源分布极不均衡，长江以南地区降水充沛水资源丰富，而北方广大地区降水时间集中，水资源匮乏，在一定程度上已经成为经济建设和人民生活提高的制约因素。2006 年中国环境状况公报显示，2006 年全国地表水总体水质属中度污染。在国家环境质量监测网（简称国控网）实际监测的 745 个地表水监测断面中（其中，河流断面 593 个，湖库点位 152 个），Ⅰ～Ⅲ类，Ⅳ、Ⅴ类，劣Ⅴ类水质的断面比例分别为 40％、32％和 28％（图 4－1），主要污染物质为高锰酸盐、氨氮和石油类等。与 2005 年相比，全国地表水总体水质保持稳定。

　　2006 年，长江、黄河、珠江、松花江、淮河、海河和辽河七大水系总体水质与 2005 年基本持平。国控网七大水系的 197 条河流 408 个监测断面中，Ⅰ～Ⅲ类，Ⅳ、Ⅴ类和劣Ⅴ类水质的断面比例分别为 46％、28％和 26％。其中，珠江、长江水质良好，松花江、黄河、淮河为中度污染，辽河、海河为重度污染，主要污染指标为高锰酸盐指数、石油类和氨氮。七大水系监测的 98 个国控省界断面中，Ⅰ～Ⅲ类，Ⅳ、Ⅴ类和劣Ⅴ类水质的断

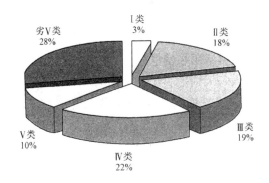

图 4-1 Ⅰ～劣Ⅴ类地表水监测断面比例

面比例分别为 43%、31% 和 26%。海河和淮河水系的省界断面水体为中度污染。2006 年，27 个国控重点湖（库）中，满足Ⅱ类水质的湖（库）2 个（占 7%），Ⅲ类水质的湖（库）6 个（占 22%），Ⅳ类水质的湖（库）1 个（占 4%），Ⅴ类水质的湖（库）5 个（占 19%），劣Ⅴ类水质的湖（库）13 个（占 48%）。其中，巢湖水质为Ⅴ类，太湖和滇池为劣Ⅴ类。主要污染指标为总氮和总磷。水库水质好于湖泊，富营养化程度较轻。

2. 水循环

地球上水的储量是有限的，水是不能新生的，只能通过水的循环而再生。水的循环分为自然循环和社会循环两种。

（1）自然循环

自然界中的水在太阳照射和地心引力等的作用下不停地流动和转化，通过降水、径流、渗透和蒸发等方式循环，构成水的自然循环，形成各种不同的水源。在自然循环中几乎在每个环节都有杂质混入，使水质发生变化。

（2）社会循环

人类社会为了满足生活和生产的需求，要从各种天然水体中取用大量的水。生活用水和工业用水在使用后，就成为生活污水和工业废水排出，最终又流入天然水体。这样，水在人类社会中构成的局部循环体系，称为社会循环。

人们的日常生活需要水。人体中的水约占体重的 2/3。因此，水是构成人类机体的基础，又是传输营养和新陈代谢过程的一种介质。同时水还起着散发热量、调节体温的作用。从医学卫生的观点看，人类为维持正常生命，每人每天至少需要 5L 水，如果加上卫生方面的需要，全部生活用水量每人每天需 40～50L。一般来说，人们的生活水平越高，生活用水量也越大。目前，发展中国家每人每天用水量为 40～60L，而发达国家每人每天则达 200～300L，在一些现代化的大城市还要高一些。

工业生产更是离不开水。据统计，工业用水一般要占城市总用水量的 70%～80%。各种工业，无论是电力、冶金、化工、石油，还是纺织、印染、食品、造纸等都需要水，可以说，几乎没有一种工业不需要水。各类工业产品的单位用水量可因原料、工艺过程、管理水平等有所不同。

水是农业的命脉，水对农、林、牧、渔各业十分重要。不少国家尽管工业用水量很大，但用于农业灌溉的水量仍远远超过工业用水量。即使是一些工业发达的国家，如日本和美国，其农业用水量也通常是工业用水量的 $2\sim3$ 倍。在我国，农业是主要的用水和耗水部门。据统计，长江流域每亩水稻田的需水量为 $250\sim500m^3$。北方地区主要农作物，如小麦、玉米和棉花每亩的需水量分别为 $200\sim300m^3$、$150\sim250m^3$ 和 $80\sim150m^3$。

随着世界人口的增长和工农业的发展，用水量也在日益增加。据统计，全世界总的年用水量由 180 年前的 $3000km^3$ 增加到 2000 年的 $6000km^3$。另外，用水量增加的结果会使污水量也相应地增加。未经妥善处理的污水如果直接排入水体，就会造成严重的污染，使本来已经并不充裕的水资源更加紧张。因此，在合理开发利用水资源的同时，必须有效地控制水体污染。

二、水质指标与水环境质量标准

1. 水质指标

水质指标是指水与所含杂质共同表现出来的物理、化学和生物学的综合特性。水体污染有时可以直接地察觉到。例如，水改变了颜色，变得浑浊，散发出难闻的气味，某些生物的减少或死亡，某种生物的出现或骤增等。但有时水体污染是直观察觉不出的，需要借助于仪器观察分析或调查研究。水质指标项目繁多，可以分为三大类：

（1）物理性水质指标

①感官物理性状指标，如温度、色度、浑浊度、透明度等。

②其他物理性状指标，如总固体、悬浮固体、溶解固体、可沉固体等。

（2）化学性水质指标

①一般的化学性水质指标，如碱度、硬度、各种阴离子、各种阳离子、总含盐量、一般有机物质等。

②有毒的化学性水质指标，如重金属、各种农药等。

③有关氧平衡的水质指标，如溶解氧、化学需氧量、生化需氧量等。

（3）生物学水质指标

包括细菌总数、总大肠菌群数、各种病原细菌、病毒等。

以下是对水污染防治工作最常用的一些水质指标的简要说明。

①pH，反映水的酸碱性质。天然水体的 pH 一般为 $6\sim9$，取决于水体所在环境的物理、化学和生物特性。饮用水的适宜 pH 为 $6.5\sim8.5$。生活污水一般呈弱碱性，而在某些工业废水的 pH 偏离中性范围很远，它们的排放会对天然水体的酸碱特性产生较大的影响。弱酸的污、废水对混凝土管道有腐蚀作用，pH 还会影响水生生物和细菌的生长活动。

②悬浮固体，悬浮固体可以利用重力或其他物理作用与水分离，它们随废水进入天然水体，易形成河体沉积物。悬浮物的化学性质十分复杂，可能是无机物，也可能是有机物，还可能是有毒物质。悬浮物质在沉淀过程中还会携带或吸附其他污染物质，如重金属等。

③生化需氧量（BOD）和化学需氧量（COD），这两项水质指标都是用来表示水体中的有机物含量。天然水中有机物含量极少，废、污水中的有机物排入水体后，将在微生物作用下进行氧化分解，使水体中溶解氧被消耗而减少。当水体中溶解氧降至 $3\sim4mg/L$ 时，鱼类生活受到影响；当水体中溶解氧被耗尽以后，有机物就会发臭，影响卫生。有机

物又是微生物（包括病原菌）生长繁殖的重要食物，有毒有机物更将直接危害人体健康和动植物的生长。因此，废水中的有机物浓度是一项十分重要的水质指标。由于有机物种类繁多，组成复杂，要分别测定其含量是很困难的。在水污染防治中，一般采用化学需氧量和生化需氧量这两个综合性的间接指标来衡量水中有机污染物的量。只有当某些有机物具有毒性，需要加以控制才分别测定其含量。

生化需氧量：生化需氧量表示在有氧条件下，当温度为 20℃时，由于微生物（主要是细菌）的活动，使可降解的有机物氧化达到稳定状态时所需的氧量。BOD 以单位体积污（废）水所消耗的氧量（mg/L）表示。BOD 越高，表示水中有机物含量越多。由于温度对微生物的活动有很大影响，BOD 测定时规定了 20℃为标准温度。在有氧的情况下，废水中有机物的分解一般分两个阶段进行，第一阶段为碳化阶段，主要是有机物转化为二氧化碳、水和氨；第二阶段为硝化阶段，主要是氨再进一步氧化为硝酸盐和亚硝酸盐。因为氨已是无机物，BOD 一般只包括第一阶段即碳化的需氧量。一般有机物在 20℃条件下需要 20 天才能完成第一阶段的氧化分解过程，20 天的生化需氧量可以用 BOD_{20} 表示。如此长的测定时间很难在实际工作中应用，目前世界各国均以 5 天作为测定 BOD 的标准时间，所测得的数值以 BOD_5 表示，对一般有机物，BOD_5 约为 BOD_{20} 的 70%。生化需氧量的测定条件与有机物进入天然水体后被微生物氧化分解的情况相似，因此能较准确反映有机物对水质的影响。但测定生化需氧量需要很长时间，而且生化需氧量也不能反映微生物降解不了的有机物的量。

化学需氧量：化学需氧量是指一定条件下，水中各种有机物与外加的强氧化剂作用时所消耗的氧化剂量，以氧量（mg/L）计，常用的氧化剂是重铬酸钾，氧化反应在强酸性条件下加热回流进行 2h，有时还需加入催化剂。由于重铬酸钾的强氧化作用，水中绝大部分有机物质（芳香化合物除外）均能被氧化，因此化学需氧量可以近似反映水中有机物的总量。但废水中无机性还原物也会消耗强氧化剂，使 COD 值增高。化学需氧量的测定时间较短，因此得到了广泛的应用。

2. 水环境质量标准

水的用途很广，在生活、工业、农业、渔业和环境（如景观用水）等各个方面都要使用大量的水。世界各国针对不同的用途，对用水的水质建立起相应的物理、化学和生物学的质量标准。保护地面水体免受污染是环境保护的重要任务之一，它直接影响水资源的合理开发和有效利用。这就要求一方面要制定水体的环境质量标准，以便保护水体并合理安全开发水资源，另一方面要制定污水的排放标准，控制污水排放，保护水体。

（1）地面水环境质量标准

我国已有的水环境质量标准有：《地表水环境质量标准》（GB 3838—2002）、《渔业水质标准》（GB 11607—1989）、《景观娱乐用水水质标准》（GB 12941—1991）、《农田灌溉水质标准》（GB 5084—1992）等。这些标准详细说明了各类水体中污染物允许的最高含量。

《地表水环境质量标准》按照地表水环境功能分类和保护目标规定了水环境质量应控制的项目及限值，以及水质评价、水质项目的分析方法和标准的实施与监督。该标准适用于中国领域内江河、湖泊、运河、渠道、水库等具有使用功能的地表水水域。根据地面水域使用的目的和保护目标，我国将地表水划分为五类。

Ⅰ类：主要适用于源头水、国家自然保护区；

Ⅱ类：主要适用于集中式生活饮用水地表水源地一级保护区、珍稀水生生物栖息地、虾类产卵场、仔稚幼鱼的索饵场等；

Ⅲ类：主要适用于集中式生活饮用水地表水源地二级保护区、鱼虾类越冬场、洄游通道、水产养殖区等渔业水域及游泳区；

Ⅳ类：主要适用于一般工业用水区及人体非直接接触的娱乐用水区；

Ⅴ类：主要适用于农业用水区及一般景观要求水域。

对应地表水上述五类水域功能，将地表水环境质量标准基本项目标准值分为五类，不同功能类别分别执行相应类别的标准值。水域功能类别高的标准值严于水域功能类别低的标准值。同一水域兼有多类使用功能的，执行最高功能类别对应的标准值。

表4-1列出了地表水环境质量标准基本项目的标准限值。

表4-1 地表水环境质量标准基本项目标准

序号	项 目	标准值/(mg/L)				
		Ⅰ	Ⅱ	Ⅲ	Ⅳ	Ⅴ
1	水温	人为造成的环境水温变化应限制在：周平均最大温升≤1℃，周平均最大温降≤2℃				
2	pH	6～9				
3	溶解氧≥	饱和率90% （或7.5)	6	5	3	2
4	高锰酸盐指数≤	2	4	6	10	15
5	化学需氧量(COD)≤	15	15	20	30	40
6	五日生化需氧量(BOD_5)≤	3	3	34	6	10
7	氨氮(NH_3-N)≤	0.15	0.5	1.0	1.5	2.0
8	总磷(以P计)≤	0.02 （湖、库0.01)	0.1 （湖、库0.025)	0.2 （湖、库0.05)	0.3 （湖、库0.1)	0.4 （湖、库0.2)
9	总氮(湖、库，以N计)≤	0.2	0.5	1.0	1.5	2.0
10	铜≤	0.1	1.0	1.0	1.0	1.0
11	锌≤	0.05	1.0	1.0	2.0	2.0
12	氟化物(以F^-计)≤	1.0	1.0	1.0	1.5	1.5
13	硒≤	0.01	0.01 1.0	0.02	0.02	
14	砷≤	0.05	0.05	0.05	0.1	0.1
15	汞≤	0.000 05	0.00005	0.0001	0.001	0.001
16	镉≤	0.001	0.005	0.005	0.005	0.01
17	铬(六价)≤	0.01	0.05	0.05	0.05	0.1
18	铅≤	0.01	0.01	0.05	0.05	0.1
19	氰化物≤	0.005	0.05	0.2	0.2	0.2
20	挥发酚≤	0.002	0.002	0.005	0.01	0.1
21	石油类≤	0.05	0.05	0.05	0.5	1.0
22	阴离子表面活性剂≤	0.2	0.2	0.2	0.3	0.3
23	硫化物≤	0.05	0.1	0.2	0.5	1.0
24	粪大肠菌群/(个/L)≤	200	2000	10000	20000	40000

（2）污水排放标准

为了控制水体污染，保护江河、湖泊、运河、渠道、水库和海洋等地面水体以及地下水体水质的良好状态，必须严格控制污水排放。我国目前颁布的污水排放标准有《污水综合排放标准》（GB 8978—1996）、《农用污泥中污染物控制标准》（GB4284—1984）等。

《污水综合排放标准》适用于排放污水和废水的一切企事业单位，并将排放的污染物按其性质分为两类。

第一类污染物是指能在环境或动植物体内积累，对人体健康产生长远不良影响者，含有此类有害污染物的污水，一律在车间或车间处理设施排出口取样，其最高允许排放浓度必须符合排放标准，且不得用稀释的方法代替必要的处理。该类污染物最高允许排放浓度见表 4-2。

第二类污染物质是指长远影响小于第一类的污染物质，这些物质包括石油类、挥发酚、氟化物、硫化物、甲醛、苯胺类、硝基苯类等，同时还有 BOD、COD 等综合性指标。在排污单位排出口取样，其最高允许排入浓度必须符合排放标准的规定。对此类污染物要求较松，可用稀释法。

表 4-2　第一类污染物最高允许排放浓度　　　　　（单位：mg/L）

序　号	污染物	最高允许排放浓度	序　号	污染物	最高允许排放浓度
1	总汞	0.05	8	总镍	1.0
2	烷基汞	不得检出	9	苯并（α）芘	0.00003
3	总镉	00.1	10	总铍	0.005
4	总铬	1.5	11	总银	0.5
5	六价格	0.5	12	总 α 放射线	1Bq/L
6	总砷	0.5	13	总 β 放射线	10Bq/L
7	总铅	1.0			

当废水用于灌溉农田时，应持积极慎重的态度，废水水质应符合《农田灌溉水质标准》；废水排向渔业水体或海洋时，水质应符合《渔业水质标准》及《海水水质标准》。需要指出，我国除实行上述对污水排放的浓度控制外，还要实施对污染物排放总量的控制。

三、水体中主要的污染物及来源

1. 水体中主要的污染物

（1）悬浮物

悬浮物主要是指悬浮在水中的污染物质，包括无机的泥沙、炉渣、铁屑以及有机的纸片、菜叶等。洗煤、冶金、屠宰、化肥、化工、建筑等工业废水和生活污水中都含有悬浮状的污染物，排入水体后除了会使水体变得浑浊，影响水生植物的光合作用以外，还会吸附有机毒物、重金属、农药等，形成危害更大的复合污染物沉入水底，日久后形成淤泥，会妨碍水上交通或减少水库容量，增加挖泥负担。

（2）耗氧有机物

生活污水和某些工业废水中含有糖、蛋白质、氨基酸、酯类、纤维素等有机物质，这些物质以悬浮状态或溶解状态存在于水中，排入水体后能在微生物作用下分解为简单的无机物，在分解过程中消耗氧气，使水体中的溶解氧减少，微生物繁殖。当水中溶解氧降至 4mg/L 以下时，将严重影响鱼类和水生生物的生存；当溶解氧降至零时，水中厌氧微生物占据优势，造成水体变黑发臭，将不能被用作饮用水水源和其他用途。

（3）植物性营养物

植物性营养物主要指含有氮、磷等植物所需营养物的无机、有机化合物，如氨氮、硝酸盐、亚硝酸盐、磷酸盐及含氮及磷的有机化合物。这些污染物排入水体，特别是流动较缓慢的湖泊、海湾，容易引起水中藻类及其他浮游生物大量繁殖，形成富营养化污染。

（4）重金属

大多数重金属对生物有显著毒性，并且能被生物吸收后通过食物链浓缩千万倍，最终进入人体造成慢性中毒或严重疾病。

（5）酸碱污染

酸碱污染物排入水体会使水体 pH 发生变化，破坏水中自然缓冲作用。当水体 pH 小于 6.5 或大于 8.5 时，水中微生物的生长会受到抑制，致使水体自净能力减弱，并影响渔业生产，严重时还会腐蚀船只、桥梁及其他水上建筑。用酸化或碱化的水浇灌农田，会破坏土壤及水体的理化性质，影响农作物的生长。酸碱对水体的污染，还会使水的含盐量增加，提高水的硬度，对工业、农业、渔业和生活用水都会产生不良的影响。

（6）石油类

含有石油类产品的废水进入水体后会漂浮在水面并迅速扩散，形成一层油膜，阻止大气中的氧进入水中，妨碍水生植物的光合作用。石油在微生物作用下的降解也需要消耗氧，造成水体缺氧。同时，石油还会使鱼类呼吸困难直至死亡。食用在含有石油的水中生长的鱼类，还会危害人身健康。

（7）难降解有机物

难降解有机物是指那些难以被微生物降解的有机物，它们大多是人工合成的有机物。例如，有机氯化合物、有机芳香胺类化合物、有机重金属化合物以及多环有机物等。它们的特点是能在水中长期稳定地存留，并通过食物链富集最后进入人体。他们中的一部分化合物具有致癌致突变的作用，对人类的健康构成了极大的威胁。

（8）放射性物质

放射性物质主要来自核工业和使用放射性物质的工业或民用部门。放射性物质能从水中或土壤中转移到生物、蔬菜或其他食物中，并发生浓缩和富集进入水体。

（9）热污染

废水排放引起水体的温度升高，被称为热污染。热污染会影响水生生物的生存及水资源的利用价值。水温升高还会使水中溶解氧减少，同时加速微生物的代谢速率，使溶解氧的下降更快，最后导致水体的自净能力降低。热电厂、金属冶炼厂、石油化工厂等常是排放高温废水的污染源。

（10）病原体

生活污水、医院污水和屠宰、制革、洗毛、生物制品等工业废水，常含有病原体，会传播霍乱、伤寒、胃炎、痢疾以及其他病毒污染的疾病和寄生虫病。

2. 水污染的主要来源

（1）点污染源

主要的点污染源有生活污水和工业废水，废水的成分和性质有很大的差别。

①生活污水主要来自家庭、商业、学校、旅游服务业及其他城市公用设施，包括厕所冲洗水、厨房洗涤水、沐浴排水及其他排水等。污水中主要含有悬浮态或溶解态的有机物质（如纤维素、淀粉、糖类、脂肪、蛋白质等），还含有氮、硫、磷等无机盐类和各种微生物。一般生活污水中悬浮固体的含量在 $200\sim400mg/L$，由于其中有机物种类繁多，性质各异，常以五日生化需氧量（BOD_5）或化学需氧量（COD）来表示其含量。一般生活污水的 BOD_5 为 $200\sim400mg/L$。②工业废水根据其来源可以分为工艺废水、原料或成品洗涤水、场地冲洗水以及设备冷却水等；根据废水中主要污染物的性质，可分为有机废水、无机废水、兼有有机物和无机物的混合废水、重金属废水、放射性废水等；根据发生废水的行业性质，又可分为造纸废水、印染废水、焦化废水、农药废水、电镀废水等。

不同工业排放废水的性质差异很大，即使是同一种工业，由于原料工艺路线、设备条件、操作管理水平的差异，废水的数量和性质也会不同。一般来讲，工业废水有以下几个特点：a. 废水中污染物浓度大，某些工业废水含有的悬浮固体或有机物浓度是生活污水的几十至几百倍。b. 废水成分复杂且不易净化，如工业废水常呈酸性或碱性，废水中常含不同种类的有机物和无机物，有的还含重金属、氰化物、多氯联苯、放射性物质等有毒污染物。c. 带有颜色或异味，如刺激性的气味，或呈现出令人生厌的外观，易产生泡沫，含有油类污染物等。d. 废水水量和水质变化大，因为工业生产一般需要分班进行，废水水量常随时间而变化，工业产品的调整或工业原料的变化，也会造成废水水量和水质的变化。e. 某些工业废水的水温高。

（2）面污染源

面污染源又称非点污染源，主要指农村灌溉水形成的径流、农村中无组织排放的废水、地表径流及其他废水污水。分散排放的少量污水，也可列入面污染源。

农村废水一般含有有机物、病原体、悬浮物、化肥、农药等污染物；畜禽养殖业排放的废水，含有有机物的浓度一般很高；由于过量施加化肥，使用农药，农田地面径流中含有大量的氮、磷营养物质和有毒的农药。大气中含有的污染物随降雨进入地表水体，也可认为是面污染源，如酸雨。

此外，天然性的污染源，如水与土壤之间的物质交换，风刮起泥沙、粉尘进入水体等，也是一种面污染源。

对面污染源的控制，要比对点污染源难得多。值得注意的是，对于某些地区和某些污染物来说，面污染源所占的比重往往不小。例如，对于湖泊的富营养化，面污染源的贡献常会超过 50%。

四、水体自净与水环境容量

1. 水体自净作用

水体具有消纳一定量的污染物质，使自身的质量保持洁净的能力，人们常常称之为水体的自净。水体的自净过程十分复杂。它包括了物理过程，如稀释、扩散、挥发、沉淀等；化学和物理化学过程，如氧化、还原、吸附、中和等反应；以及生物和生物化学过程，如微生物对有机物的分解代谢，不同生物群体的相互作用等。这几种过程相互交织在一起，可以使进入水体的污染物质发生迁移、转化，使水体水质得到改善。

2. 水环境容量

水体所具有的自净能力就是水环境接纳一定量污染物的能力。一定水体所能容纳污染物的最大负荷被称为水环境容量。水环境容量与水体的用途和功能有十分密切的关系。中国地面水环境质量标准中按照水体的用途和功能将水体分为五类，每类水体规定有不同的水质目标。显然，水体的功能越强，对其要求的水质目标也就越高，其水环境容量必将减小；反之，当对水质目标要求不甚严格时，水环境容量则会大一些。

当然，水体本身的特性，如河宽、河深、流量、流速以及天然水质、水文特征等，对水环境容量的影响很大。污染物的特性，包括扩散性、降解性也都影响水环境容量。一般来说，污染物的物理化学性质越稳定，其环境容量越小；耗氧性有机物的水环境容量比难降解有机物的水环境容量大得多；而重金属污染物的水环境容量则甚微。水体对某种污染物质的水环境容量可用下式表示：

$$W = V (c_s - c_B) + C \qquad (4-1)$$

式中：W 为某地面水体对污染物的水环境容量，kg；V 为该地面水体的体积，m^3；c_s 为地面水中某污染物的环境标准，mg/L；c_B 为地面水中某污染物的环境背景值，mg/L；C 为地面水对污染物的自净能力，kg。

第二节　水体污染物及其扩散与转化

一、污染物在水体中的运动特点

污染物进入水体之后，随着水的迁移运动，污染物的分散运动以及污染物质的衰减转化运动，使污染物在水体中得到稀释和扩散，从而降低了污染物在水体中的浓度，它起着一种重要的"自净作用"。根据自然界水体运动的不同特点，可形成不同形式的扩散类型，如河流、河口、湖泊以及海湾中的污染物扩散类型。

1. 推流迁移

推流迁移是指污染物在水流作用下产生的迁移运动。推流作用只改变水流中污染物的位置，并不能降低污染物的浓度。

在推流的作用下，污染物的迁移通量可按式（4-2）计算：

$$f_x = u_x c, \quad f_y = u_y c, \quad f_z = u_z c \qquad (4-2)$$

式中：f_x、f_y、f_z 分别为 x、y、z 方向上的污染物推流迁移通量；u_x、u_y、u_z 分别为在 x、y、z 方向上的水流速度分量；c 为污染物在河流水体中的浓度。

2. 分散作用

污染物在河流水体中的分散作用包含三个方面：分子扩散、湍流扩散和弥散。在确定污染物的分散作用时，假定污染物质点的动力学特性与水的质点一致，这一假设对于多数溶解污染物或呈胶体状污染物是可以满足的。

分子扩散是由分子的随机运动引起的质点分散现象。分子扩散过程服从菲克（Fick）第一定律，即分子扩散的质量通量与扩散物质的浓度梯度成正比，即

$$I_x^1 = -E_M \frac{\partial c}{\partial x}, \quad I_y^1 = -E_M \frac{\partial c}{\partial y}, \quad I_z^1 = -E_M \frac{\partial c}{\partial z} \tag{4-3}$$

式中：I_x^1、I_y^1、I_z^1 分别为 x、y、z 方向的分子扩散的污染物质通量；E_M 为分子扩散系数；c 为分子扩散所传递物质的浓度。

分子扩散是各向同性的，式（4-3）中的负号表示质点的迁移指向负梯度方向。

湍流扩散是在河流水体上的湍流流场中，质点的各种状态（流速、压力、浓度等）的瞬时值相对于其平均值的随机脉动而导致的分散现象。当水流质点的紊流瞬时脉动速度为稳定的随机变量时，湍流扩散规律可以用菲克第一定律表达，即

$$I_x^2 = -E_x \frac{\partial \bar{c}}{\partial x}, \quad I_y^2 = -E_y \frac{\partial \bar{c}}{\partial y}, \quad I_z^2 = -E_z \frac{\partial \bar{c}}{\partial z} \tag{4-4}$$

式中：I_x^2、I_y^2、I_z^2 分别为 x、y、z 方向上由湍流扩散作用所导致的污染物质通量；E_x、E_y、E_z 分别为 x、y、z 方向上的湍流扩散系数；$\bar{c}$ 为通过湍流扩散所传递物质的平均浓度。

由于湍流的特点，湍流扩散系数是各向异性的。湍流扩散作用是由于计算中采用时间平均值描述湍流的各种状态导致的，如果直接用瞬时值计算，就不会出现湍流扩散项。

弥散作用是由于横断面上实际的流速分布不均匀引起的，在用断面平均流速描述实际的运动时，就必须考虑一个附加的、由流速不均匀引起的作用——弥散。弥散作用可以定义为：由空间各点湍流流速（或其他状态）的时平均值与流速时平均值的空间平均值的系统差别所产生的分散现象。弥散作用所导致的质量通量也可以按菲克第一定律来描述，

$$I_x^3 = -D_x \frac{\partial \bar{c}}{\partial x}, \quad I_y^3 = -D_y \frac{\partial \bar{c}}{\partial y}, \quad I_z^3 = -D_z \frac{\partial \bar{c}}{\partial z} \tag{4-5}$$

式中：I_x^3、I_y^3、I_z^3 分别为 x、y、z 方向上由弥散作用所导致的污染物质通量；D_x、D_y、D_z 分别为 x、y、z 方向上的弥散系数；$\bar{c}$ 为湍流时平均浓度的空间平均值。

由于在实际计算中一般都采用湍流时平均值，因此必然要引入湍流扩散系数。分子扩散系数的数值在河流中为 $10^{-5} \sim 10^{-4} \text{ m}^2/\text{s}$；而湍流扩散系数要大得多，在河流中的数量级为 $10^{-2} \sim 10 \text{ m}^2/\text{s}$。弥散作用只有在取湍流时平均值的空间平均值时才发生，因此弥散作用大多发生在河流中。一般河流中弥散作用的量值为 $10 \sim 10^4 \text{ m}^2/\text{s}$。

3. 污染物的衰减和转化

进入水环境中的污染物可以分为两大类：保守物质和非保守物质。

保守物质进入水环境以后，随着水流的运动而不断变换所处的空间位置，由于分散作用不断向周围扩散而降低其初始浓度，但它不会因此而改变总量。重金属、很多高分子有机化合物都属于保守物质。对于那些对生态系统有害，或暂时无害但能在水环境中积累，

从长远来看是有害的保守物质，要严格控制排放，因为水环境对它们没有净化能力。

非保守物质进入水环境以后，除了随着水流流动而改变位置，并不断扩散而降低浓度外，还因污染物自身的衰减而加速浓度的下降。非保守物质的衰减有两种：一种是由其自身的运动变化规律决定的；另一种是在水环境因素的作用下，由于化学的或生物的反应而不断衰减，如可以生化降解的有机物在水体中的微生物作用下的氧化分解过程。

试验和实际观测数据都证明，污染物在水环境中的衰减过程基本上符合一级反应动力学规律，即

$$\frac{\mathrm{d}c}{\mathrm{d}t} = -Kc \tag{4-6}$$

式中：c 为污染物的浓度；t 为反应时间；K 为反应速率常数。

河水的推流迁移作用、污染物的分散作用和衰减过程可用图 4-2 来说明。

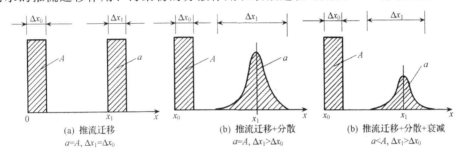

|(a) 推流迁移|(b) 推流迁移+分散|(b) 推流迁移+分散+衰减|
|$a=A, \Delta x_1=\Delta x_0$|$a=A, \Delta x_1>\Delta x_0$|$a<A, \Delta x_1>\Delta x_0$|

图 4-2　推流迁移、分散和衰减作用

假定在 $x=x_0$ 处，向河流中排放的污染物质总量为 A，其分布为直方状，全部物质通过 x_0 的时间为 Δt ［图 4-2 (a)］；经过一段时间该污染物的重心迁移至 x_1 处，污染物质的总量为 a。如果只存在推流作用，则 $a=A$，且在 x_1 处的污染物分布形状与 x 处相同；如果存在推流迁移和分散的双重作用 ［图 4-2 (b)］，则仍有 $a=A$，但在 x_1 处的分布形状与初始时不一样，延长了污染物的通过时间；如果同时存在推流迁移、分散和衰减的三重作用 ［图 4-2 (c)］，则不仅污染物的分布形状发生了变化，且 $a<A$。

实际污染物质在进入河流水体后做复杂的运动，用以描述这种运动规律的是一组复杂的模型。

二、河流中污染物的对流和扩散

废水进入河流水体后，不是立即就能在整个河流断面上与河流水体完全混合。虽然在垂向方向上一般能很快地混合，但往往需要经过很长一段纵向距离才能达到横向完全混合。这段距离通常称为横向完全混合距离（x_1）。纵向距离（x）小于 x_1 的区域称为横向混合区，大于 x_1 的区域称为断面完全混合区。如图 4-3 所示。

在某些较大的河流中，横向混合可能达不到对岸，横向混合区不断向下游远处扩展，形成所谓"污染带"。在不同的区域，影响污染物的浓度和输移、转化特性的主要物理、化学过程也有差异。在横向混合区，排入的废水和上游来水的初始混合稀释程度，取决于排放口的各种特性和河流状况。随着水流携带污染物向下游输移，横向混合使污染物沿河流横向分散，进一步与上游来水混合稀释。在横向混合区以下的完全混合区，污染物在河

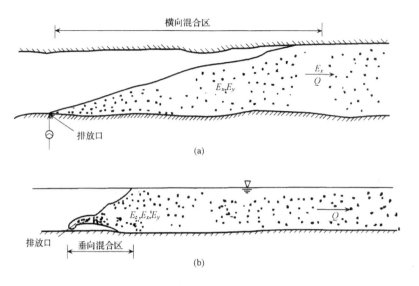

图4-3 污染物在河流中的混合

流断面上完全混合。在完全混合区域,通过一系列的物理、化学和生物的输移、转化过程,污染物的浓度被进一步降低。这些过程通常采用质量输移、扩散方程、一级动力学反应方程来描述。在大多数的情况下,扩散系数、反应速率都可能随空间和时间的变化而变化。

河流中影响污染物输移最主要的物理过程是对流及横向扩散和纵向离散混合。

对流是溶解或颗粒态物质随水流的运动。可以在横向、垂向、纵向发生对流。在河流中,主要是沿河流纵向的对流,流量和流速是表征对流作用的重要参数。河流流量可以通过测流、示踪研究或曼宁公式计算得到。对于较复杂的水流,要获得可靠的流量数据,需要进行专门的水动力学实测及模拟计算。

横向扩散是指由于水流中的紊动作用,在流动的横向方向上,溶解态或颗粒态物质的混合,通常用横向扩散系数表示。可以通过示踪实验确定横向扩散系数,或按照根据包含河流水深、流速以及河道不规则性的公式来估算横向扩散系数。在横向混合区内,对流和横向扩散混合是最重要的,有时纵向混合也不能忽略。

纵向离散是由于主流在横向与垂向方向上的流速分布不均匀而引起的在流动方向上的溶解态或颗粒态质量的分散混合,通常用纵向离散系数表示。可以通过示踪实验确定纵向离散系数,或利用包含流速、河宽、水深、河床粗糙系数的计算公式确定。不同计算公式得到的数值不同,使用示踪实验得到的数值较可靠。

三、海水中污染物的扩散

排放到海洋中的污水,一般是含有各种污染物的淡水,其密度比海水小,入海后不仅与海水混合而稀释,而且同时还在海面向四周扩展。图4-4给出了污水入海后混合扩散的一个剖面。反映弱混合海域,即潮汐较小,潮流不大,垂直混合较弱海域的扩散状况。

从图4-4中可以看出,排放到海中的污水浮在海洋表层向外扩展,其稀释是海水通过污水底面向上混入到污水中进行的。随着离排污口距离的增加,稀释倍数也逐渐增加。

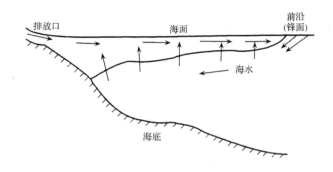

图 4-4　污水在海面上的扩展

污水层的厚度在排放口附近较深，然后逐渐减小。向外扩展到一定程度，即污水的密度达到一定界限值即形成扩展前沿（锋面），这时污水的稀释倍数达到 60～100 倍。扩展前沿外侧的海水明显向污水层下方潜入，形成清晰的界面，即锋面，这样的界面在污水层的底部也清晰可见。锋面受到风和潮的作用，其形状和出现的地点会不断变化，有时会变得模糊不清。

污水层的厚度通常为 1～2m，污水从排出口到达其前沿需 1～2h。根据大量的实测资料，扩散域的面积与排放量之间有如下经验关系：

$$\lg A = 1.226 \lg Q + 0.0855 \tag{4-7}$$

式中：若是淡水的情况，则 A 表示稀释 60～100 倍时的扩展范围，m^2，若是温排水的情况，则 A 表示形成 1～2℃温差的限界面积，m^2；Q 为排放量，m^3/d。

温排水在海里的对流扩散规律与一般污染物类似，但也有不同点，温排水温度比海水高，热水总是会浮到冷水上面，如果浅海中潮流混合比较强烈，温排水入海后不久就和水体垂直混合均匀，如果垂直混合不是很强烈时，则温排水只影响到水的表层，这时需要用复杂的三维模型来描述，根据美国和法国科学家对温排水预测的研究结果，温排水只影响到浅表层 2～4m，用修正后二维模型预测温排水的影响分布，同样可得到合理的结果。

温排水携带的热量被潮流带走一部分，另一部分通过与大气的热交换释放到大气中。其强度由 R（表面综合散热系数）表示，一般与水温、水面风速等有关。

溢油在海面上的变化是极其复杂的。其中有物理过程、化学过程和生物过程，同时与当地海区气象条件、海水运动有着密切的关系。溢油动力学过程一般划分为扩展过程和漂移过程。

扩展过程：对实际溢油事件的观测发现，在溢油的最初数十小时内，扩展过程占支配地位，这种支配地位随时间而逐渐变弱。扩展过程主要受惯性力、重力、黏性力和表面张力控制，扩展过程可分为三个阶段：惯性—重力阶段；重力—黏性阶段；黏性—表面张力阶段。扩展过程的一个明显特征是它的各向异性，如在主风向上，油膜被拉长，在油膜的迎风面上形成堆积等。

漂移过程：漂移过程是油膜在外界动力场（如风应力、油水界面切应力等）驱动下的整体运动，其运动速度由三部分组成，即潮流、风海流、风流余流，前两者不会因油膜存在而发生大的变化。

四、河流水质数学模式预测方法

1. 河流稀释混合模式

（1）点源，河水、污水稀释混合方程

对于点源排放持久性污染物，河水和污水完全混合、反映河流稀释能力的方程为

$$c = \frac{c_p Q_p + c_h Q_h}{Q_p + Q_h} \tag{4-8}$$

式中：c 为完全混合的水质浓度，mg/L；Q_p 为污水排放量，m^3/s；c_p 为污染物排放浓度，mg/L；Q_h 为上游来水流量，m^3/s；c_h 为上游来水污染物浓度，mg/L。

（2）非点源方程

对于沿程有非点源（面源）分布入流时，可按下式计算河段污染物的浓度：

$$c = \frac{c_p Q_p + c_h Q_h}{Q} + \frac{W_s}{86.4Q} \tag{4-9}$$

$$Q = Q_p + Q_h + \frac{Q_s}{x_s} \cdot x \tag{4-10}$$

式中：W_s 为沿程河段内（$x=0$ 到 $x=x_s$）非点源汇入的污染物总负荷量，kg/d；Q 为下游 x 距离处河段流量，m^3/s；Q_s 为沿程河段内（$x=0$ 到 $x=x_s$）非点源汇入的水量，m^3/s；x_s 为控制河段总长度，km；x 为沿程距离（$0 \leqslant x \leqslant x_s$），km。

（3）考虑吸附态和溶解态污染指标耦合模型

当需要区分溶解态和吸附态的污染物在河流水体中指标耦合，应加入分配系数的概念。

分配系数 K_p 的物理意义是在平衡状态下，某种物质在固液两相间的分配比例。

$$K_p = \frac{X}{c} \tag{4-11}$$

式中：c 为溶解态浓度，mg/L；X 为单位质量固体颗粒吸附的污染物质量，mg/kg；K_p 为分配系数，L/mg。

对于有毒有害污染物，已知其在水体中的总浓度情况下，溶解态的浓度可用下式计算：

$$c = \frac{c_T}{1 + K_p \cdot S \times 10^{-6}} \tag{4-12}$$

式中：c 为溶解态浓度，mg/L；c_T 为总浓度，mg/L；S 为悬浮固体浓度，mg/L；K_p 为分配系数，L/mg。

2. 河流的一维稳态水质模式

对于溶解态污染物，当污染物在河流横向方向上达到完全混合后，描述污染物的输移、转化的微分方程为

$$\frac{\partial (Ac)}{\partial T} = \frac{\partial (Qc)}{\partial x} = \frac{\partial}{\partial x}\left(D_L A \frac{\partial c}{\partial x}\right) + A\,(S_L + S_B) + AS_K \tag{4-13}$$

式中：A 为河流横断面面积；T 为扩散时间；Q 为河流流量；x 为沿河流流向的距离；c 为水质组分浓度；D_L 为综合的纵向离散系数；S_L 为直接的点源或非点源强度；S_B 为上游

区域进入的源强；S_K 为动力学转化率，正为源，负为汇。

设定条件：稳态忽略纵向离散作用，一阶动力学反应速率 K，河流无侧旁入流，河流横断面面积为常数，上游来流量 Q_u，上游来流水质浓度 c_u，污水排放流量 Q_e，污染物排放浓度 c_e，则上述微分方程的解为

$$c = c_0 \cdot \exp\left[-Kx / (86400u)\right] \tag{4-14}$$

式中：$c_0 = (c_u \cdot Q_u + c_e \cdot Q_e) / (Q_u + Q_e)$；$K$ 为一阶动力学反应速率，1/d；u 为河流流速，m/s；x 为沿河流方向距离，m；c 为位于污染源（排放口）下游 x 处的水质浓度，mg/L。

3. Streeter-Phelps 模式

Streeter-Phelps 模式（S-P 模式）是研究河流溶解氧与 BOD 关系的最早、最简单的耦合模型；S-P 模式迄今仍得到广泛的应用，也是研究各种修正模型和复杂模型的基础。它的基本假设为：河流为一维恒定流，污染物在河流横断面上完全混合；氧化和复氧都是一级反应，反应速率常数是定常的，氧亏的净变化仅是水中有机物耗氧和通过液一气界面的大气复氧的函数。

Streeter-Phelps 模式：

$$\begin{cases} c = c_0 \exp\left(-K_1 \dfrac{x}{86400u}\right) \\ D = \dfrac{K_1 c_0}{K_2 - K_1}\left[\exp\left(-K_1 \dfrac{x}{86400u}\right) - \exp\left(-K_2 \dfrac{x}{86400u}\right)\right] + D_0 \exp\left(-K_2 \dfrac{x}{86400u}\right) \end{cases} \tag{4-15}$$

其中，
$$c_0 = (c_p Q_p + c_h Q_h) / (Q_p + Q_h) \tag{4-16}$$
$$D_0 = (D_p Q_p + D_h Q_h) / (Q_p + Q_h) \tag{4-17}$$

式中：D 为亏氧量，即 $DO_f - DO$，mg/L；D_0 为计算初始断面亏氧量，mg/L；D_p 为上游来水中溶解氧亏值，mg/L；D_h 为污水中溶解氧亏值，mg/L；u 为河流断面平均流速，m/s；x 为沿程距离，m；c 为沿程浓度，mg/L；DO 为溶解氧浓度，mg/L；DO_f 为饱和溶解氧浓度，mg/L；K_1 为耗氧系数，1/d；K_2 为复氧系数，1/d。

沿河水流动方向的溶解氧分布为一悬索型曲线，通常称为氧垂曲线，如图 4-5 所示。氧垂曲线的最低点 C 称为临界氧亏点，临界氧亏点的亏氧量称为最大亏氧值。在临界亏氧点左侧，耗氧大于复氧，水中的溶解氧逐渐减少；污染物浓度因生物净化作用而逐渐减少。达到临界亏氧点时，耗氧和复氧平衡；临界点右侧，耗氧量因污染物浓度减少而减少，复氧量相对增加，水中溶解氧增多，水质逐渐恢复。如排入的耗氧污染物过多将溶解氧耗尽，则有机物受到厌氧菌的还原作用生成甲烷气体，同时水中存在的硫酸根离子将由于硫酸还原菌的作用而成为硫化氢，引起河水发臭，水质严重恶化。临界氧亏点 x_C 的位置为

$$x_C = \frac{86400}{K_2 - K_1}\ln\left[\frac{K_2}{K_1}\left(1 - \frac{D_0}{c_0} \cdot \frac{K_2 - K_1}{K_1}\right)\right] \tag{4-18}$$

4. 河流二维稳态水质模式

（1）二维稳态水质方程

①顺直均匀河流。描述溶解态污染物的二维对流扩散的基本方程为

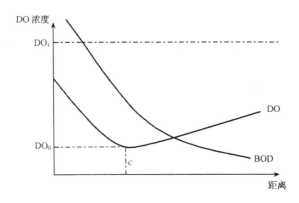

图 4-5 氧垂曲线

$$u \frac{\partial c}{\partial x} = M_x \frac{\partial^2 c}{\partial x^2} + M_y \frac{\partial^2 c}{\partial y^2} + S_K \qquad (4-19)$$

若忽略 $M_x \dfrac{\partial^2 c}{\partial x^2}$ 项的作用，并假设污染物遵循一级动力学反应（衰减常数为 K），此时式（4-19）简化为

$$\bar{u} \frac{\partial c}{\partial x} = M_y \frac{\partial^2 c}{\partial y^2} - Kc \qquad (4-20)$$

式中：$\bar{u}$ 为横断面平均流速。

横向混合系数 M_y 与河流平均水深 $\bar{h}$ 和摩阻流速 u^* 等因素有关。使用上可近似用下式估算：

$$M_y = \alpha \bar{h} u^* \qquad (4-21)$$

式中：$\bar{h}$ 为平均水深；α 为横向混合无量纲常数（$0.6 \pm 50\%$）；u^* 为 $\sqrt{g \bar{h} i}$，通常约为平均流速的 1% 数量级；g 为重力加速度；i 为河流比降。

②用累积流量坐标表示的二维水质方程。累积流量的定义为

$$q_c(y) = \int_0^y M_y h u \, \mathrm{d}y \qquad (4-22)$$

式中：q_c 为距一岸的横向距离为 y 时的累积流量；M_y 为河流横断面的形状系数；h 为当地水深；u 为当地垂向平均流速；y 为横向坐标。

$y=0$ 时，$q_c(0)=0$；$y=B$（河宽）时，$q_c(B)=Q$（河流总流量）；$q_c(y)$ 沿横向 y 方向的典型分布如图 4-6 所示。

引入累积流量坐标 $q_c(y)$，代替直角坐标，相应的水质方程为

$$\frac{\partial c}{\partial x} = \frac{\partial}{\partial q_c} \left(M_c \frac{\partial c}{\partial q_c} \right) - Kc \cdot m_x \sqrt{u} \qquad (4-23)$$

式中：$M_c = m_x \cdot h \cdot \bar{u} \cdot M_y$，称为横向混合因子；$m_x$ 为河流纵向形状系数，$m_x \approx 1$；$\bar{u}$ 为横断面上的平均流速。

设 M_c 为常数，并用 $K \sqrt{u}$ 近似代替 $K \cdot m_x \sqrt{u}$，则式（4-23）成为

$$\frac{\partial c}{\partial x} = M_c \frac{\partial^2 c}{\partial q_c^2} - Kc \sqrt{u} \qquad (4-24)$$

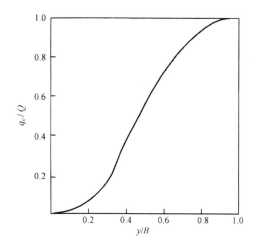

图 4 - 6　累积流量的横向分布

（2）连续点源的河流二维水质模式

设定条件：河宽为 B，在离岸边距离为 y_s 处有一连续点源，源强为 M，水质组分 c 的一级动力学反应系数为 K。

二维水质方程式（4 - 24）的解析解为

$$c(x, q_c) = \frac{M}{(4\pi M_c x)^{1/2}} \exp\left(-\frac{Kx}{u}\right) \cdot$$
$$\left\{ \sum_{n=-\infty}^{+\infty} \left[\exp\left(-\frac{(q_c - q_{cs} - 2nQ)^2}{4M_c x}\right) + \exp\left(-\frac{(q_c + q_{cs} + 2nQ)^2}{4M_c x}\right) \right] \right\} \quad (4 - 25)$$

式中：Q 为河流总流量；u 为平均流速；n 为河岸的反射次数。

在岸边排放（$q_{cs} = 0$），忽视对岸反射作用（$n = 0$），式（4 - 25）简化为

$$c(x, q_c) = \frac{M}{(\pi M_c x)^{1/2}} \exp\left(-\frac{Kx}{u}\right) \exp\left(-\frac{q_c^2}{4M_c x}\right) \quad (4 - 26)$$

岸边的浓度为

$$c(x, 0) = \frac{M}{(\pi M_c x)^{1/2}} \exp\left(-\frac{Kx}{u}\right) \quad (4 - 27)$$

离岸排放（$q_{cs} \neq 0$），忽视远岸反射作用（$n = 0$），式（4 - 25）简化为

$$c(x, q_c) = \frac{M}{(4\pi M_c x)^{1/2}} \exp\left(-\frac{Kx}{u}\right) \cdot \left[\exp\left(-\frac{(q_c - q_{cs})^2}{4M_c x}\right) + \exp\left(-\frac{(q_c + q_{cs})^2}{4M_c x}\right) \right]$$
$$(4 - 28)$$

5. 常规污染物瞬时点源排放水质预测模式

（1）瞬时点源的河流一维水质模式

设定条件：河流为顺直均匀的一维河流，流量为 Q，横断面面积为 A_c，断面平均流速为 $u = Q/A_c$，纵向离散系数 D_L，瞬时点源源强为 M，水质组分 c 的一阶动力学反应速率为 K。

水质基本方程：

$$\frac{\partial c}{\partial t} + u\frac{\partial c}{\partial x} = D_L \frac{\partial^2 c}{\partial x^2} - Kc \quad (4 - 29)$$

初始条件和边界条件：

$$\begin{cases} c(x, 0) = 0 \\ c(0, t) = M/Q\delta(t) \\ c(\infty, t) = 0 \end{cases}$$

式中，

$$\delta(t) = \begin{cases} 1 & t=0 \\ 0 & t\neq 0 \end{cases}$$

利用 $\delta(t)$ 函数的特性和拉氏变换，得到式（4-29）的解：

$$c(x, t) = \frac{M}{2A_c(\pi D_L t)^{1/2}}\exp\left(-\frac{Kx}{u}\right)\exp\left(-\frac{(x-ut)^2}{4D_L t}\right) \tag{4-30}$$

在距离瞬时点源下游 x 处的污染物浓度峰值为

$$c_{\max}(x) = \frac{M}{2A_c(\pi D_L t)^{1/2}}\exp\left(-\frac{Kx}{u}\right) \tag{4-31}$$

（2）瞬时点源的河流二维水质模式

瞬时点源河流二维水质一般基本方程为

$$\frac{\partial c}{\partial t} + u\frac{\partial c}{\partial x} = M_x\frac{\partial^2 c}{\partial x^2} + M_y\frac{\partial^2 c}{\partial y^2} - Kc \tag{4-32}$$

式中符号含义同前。

设定条件：河流宽度为 B，瞬时点源源强 M，点源离河岸一侧的距离为 y_0，方程的解析解为

$$c(x, y, t) = \frac{M}{4\pi t(M_x M_y)^{1/2}}\exp\left(-\frac{Kx}{u}\right)\exp\left(-\frac{(x-ut)^2}{4M_x t}\right) + \sum_{-\infty}^{\infty}\exp\left(-\frac{(y-2nB\pm y_0)^2}{4M_y t}\right)$$
$$n=0, \pm 1, \pm 2, \cdots \tag{4-33}$$

忽视河岸反射作用（$n=0$），式（4-33）简化为

$$c(x, y, t) = \frac{M}{4\pi t(M_x M_y)^{1/2}}\exp\left(-\frac{Kx}{u}\right)\exp\left(-\frac{(x-ut)^2}{4M_x t}\right)$$
$$\times \left(\exp\left(-\frac{(y+y_0)^2}{4M_y t}\right) + \exp\left(-\frac{(y-y_0)^2}{4M_y t}\right)\right) \tag{4-34}$$

当瞬时点源在岸边时，取 $y_0=0$。

6. 有毒有害污染物（比重 $\rho \leqslant 1$）瞬时点源排放预测模式

采用瞬时点源排放模式预测有毒有害化学品事故泄漏进入水体的影响，首先需要判断是否可以作为瞬时点源处理。

对于泄漏量 M，可采用式（4-35）计算将纯化学品稀释到溶解度所需要水体水量。以判断泄漏事故是否可以作为"瞬时点源"处理。

$$V_0 = \frac{M\times 10^8}{C_s} \tag{4-35}$$

式中：M 为泄漏总量，kg；C_s 为溶解度，mg/L；V_0 为水体体积，m^3。

在河流水体足以使泄漏的化学品迅速得到稀释，并且其浓度达到溶解度以下时，在河流水体中溶解态的浓度分布由式（4-36）表示为

$$c(x, t) = \frac{M_D}{2A_c(\pi D_L t)^{1/2}} \exp\left[\frac{-(x-ut)^2}{4D_L t} - K_e t\right] + \frac{K_V'}{K_V' + \sum K_i} \cdot \frac{P}{K_H}[1-\exp(-K_e t)]$$

$$(4-36)$$

式中：c 为溶解态浓度；$K_e = \dfrac{K_V' + \sum K_i}{1+K_p S}$；$M_D = \dfrac{M}{1+K_p S}$；$M$ 为泄漏的化学品总量；$K_V' = K_V/D$；K_V 为挥发速率；D 为水深；$\sum K_i$ 为一级动力学转化速率（除挥发以外）；P 为水面上大气中有毒污染物的分压；K_H 为亨利常数；K_p 为分配系数；S 为悬浮颗粒物浓度。

在泄漏点下游 x 处，假定 $P=0$，化学品的峰值浓度为

$$c_{max}(x) = \frac{M_D}{2A_c(\pi D_L t)^{1/2}} \exp(-K_e t) \qquad (4-37)$$

在时间 t_s 处于各种形态的化学品量可用以下公式计算：

① 溶解态污染物总量 M_D

$$M_D(t_s) = M_D \exp(-K_e t_s) \qquad (4-38)$$

② 吸附态污染物总量 M_s

$$M_s(t_s) = K_p S M_D \exp(-K_e t_s) \qquad (4-39)$$

③ 挥发的污染物总量 M_V

$$M_V(t_s) = \frac{M_D K_V'}{K_e}[1-\exp(-K_e t_s)] \qquad (4-40)$$

④ 降解的污染物总量 M_{DK}

$$M_{DK}(t_s) = \frac{M_D \sum K_i}{K_e}[1-\exp(-K_e t_s)] \qquad (4-41)$$

五、湖泊（水库）水环境影响预测方法

1. 湖泊、水库水质箱模式

以年为时间尺度来研究湖泊、水库的富营养化过程中，往往可以把湖泊看作一个完全混合反应器，其水质基本方程为

$$V\frac{dc}{dt} = Qc_E - Qc + S_c + \gamma(c)V \qquad (4-42)$$

式中：V 为湖泊中水的体积，m^3；Q 为平衡时流入与流出湖泊的流量，m^3/a；c_E 为流入湖泊的水量中水质组分浓度，m^3/a；c 为湖泊中水质组分浓度，g/m^3；S_c 为如非点源一类的外部源或汇，m^3；$\gamma(c)$ 为水质组分在湖泊中的反应速率。

若无外部源或汇（$S_c=0$），则式（4-42）变为

$$V\frac{dc}{dt} = Qc_E - Qc + \gamma(c)V \qquad (4-43)$$

当所考虑的水质组分在反应器内的反应符合一级反应动力学，而且是衰减反应时，则

$$\gamma(c) = -Kc$$

上式变为以下形式：

$$V \frac{dc}{dt} = Qc_E - Qc - KcV \quad (4-44)$$

式中：K 为一级反应速率常数，$1/t$。

当反应器处于稳定状态时，$dc/dt=0$，式（4-44）变为下式：

$$c = c_E \left(\frac{1}{1+Kt} \right) \quad (4-45)$$

式中：t 为停留时间，$t = V/Q$。

2. 湖泊（水库）的富营养化预测模型

湖泊（水库）中早期经典的营养盐负荷预测模型有 Vollenweider 负荷模型和 Dillon 负荷模型等。

（1）Vollenweider 负荷模型

Vollenweider 最早提出磷负荷与水体中藻类生物量存在一定关系，1976 年提出营养物质负荷模型：

$$[P] = \frac{L_P}{q \ (1+\sqrt{T_R})} \quad (4-46)$$

式中：$[P]$ 为磷的年平均浓度，mg/m^3；L_P 为年总磷负荷/水面面积，mg/m^2；q 为年入流水量/水面面积，m^3/m^2；T_R 为容积/年出流水量，m^3/m^3。

（2）Dillon 负荷模型

Dillon 和 Rigler 提出了适合估算春季对流时期磷的湖内平均浓度的磷负荷模型：

$$[P] = \frac{L_P \cdot T_R \ (1-\varphi)}{\overline{\partial}} \quad (4-47)$$

式中：$[P]$ 为春季对流时期磷平均浓度，mg/L；φ 为磷的滞留系数，$\varphi = 1 - \dfrac{q_0 [P]_0}{\sum\limits_{i=1}^{N} q_i [P]_i}$；

q_0 为湖泊出流水量，m^3/a；$[P]_0$ 为出流磷浓度，mg/L；N 为入流源数目；q_i 为由源 i 的入湖水量，m^3/a；$[P]_i$ 为入流 i 的磷浓度，mg/L；$\overline{\partial}$ 为 $\overline{V}/A$，平均深度，m；$\overline{V}$ 为湖泊平均蓄水体积，m^3；A 为湖泊平均水面积，m^2。

六、河口海湾水环境影响预测方法

在潮汐河口和海湾中，最重要的质量输移机理通常是水平面的输移。虽然存在重向输移，但与水平输移相比较是较小的。因此，在浅水或受风和波浪影响很大的水体，在描述水动力学特性和水质组分的输移时，通常忽略垂向输移，将其看作二维系统来处理。在很多情况下，横向输移也是可以忽略的，此时，可以用一维模型来描述纵向水动力学特性和水质组分的输移。

1. 潮汐河流一维水质预测模式

（1）一维的潮汐河流水质方程

假定在垂向和横向方向上的混合输移是可以忽略的，即水质组分的纵向上的混合输移是最重要的，此时，水质方程简化为一维方程：

$$\frac{\partial\ (Ac)}{\partial t}=-\frac{\partial\ (Qc)}{\partial x}+\frac{\partial}{\partial x}\left(E_x\cdot A\frac{\partial c}{\partial x}\right)+A\ (S_L+S_B)\ +AS_K \qquad (4-48)$$

相应地，以质量守恒形式表示的方程为

$$\frac{\partial M}{\partial t}=-uc+E_xA\frac{\partial c}{\partial x}\pm S \qquad (4-49)$$

在潮汐河流中，最常用的是一维的水质方程。甚至在不完全满足一维条件的潮汐河流中，一维模型也用来描述水质组分的纵向分布及比较不同污染负荷的水质状况。

（2）一维潮汐平均的水质方程

在潮汐河流中，水质组分浓度 $c=c\ (x,\ t)$ 随潮流运动而变化，当排放的污染负荷稳定时，水质浓度的变化也具有一定的规律。此时，潮平均的浓度值是描述水质状况的一个重要参数。

对方程式（4-48）进行潮周平均：

$$\partial\frac{(\overline{A}\ \overline{c})}{\partial t}=-\frac{\partial\ (\overline{A}\ \overline{U}_f\overline{c})}{\partial x}+\frac{\partial}{\partial x}\left(\overline{A}\ \overline{E}_x\frac{\partial\overline{c}}{\partial x}\right)+\overline{A}\ (\overline{S}_L+\overline{S}_B)\ +\overline{A}\ \overline{S}_K \qquad (4-50)$$

式中：t 为潮汐周期时间；U_f 为潮平均净流量；上标"—"表示潮平均值。

方程中的 $\overline{E}_x$ 与方程式（4-48）中的 E_x 瞬时值有所不同，$\overline{E}_x$ 为潮平均等效纵向离散系数，与通常的潮平均值也不同。

当 $\partial\ (\overline{A}\ \overline{c})\ /\partial t=0$ 时，为潮平均稳态方程。

（3）一维潮平均方程的解析解（O'Conner 河口衰减模式）

对于均匀的潮汐河流及水质组分为一级动力学反应的情形，潮平均稳态方程为

$$\overline{U}_f\frac{\partial\overline{c}}{\partial x}=\overline{E}_x\frac{\partial\overline{c}}{\partial x}-K\overline{c} \qquad (4-51)$$

方程的解的形式为

$$\overline{c}/c_0=\exp\ (J\cdot x) \qquad (4-52)$$

$$J=\frac{\overline{U}_f}{2\overline{E}_x}\ [1\pm\ (1+4K\overline{E}_x/\overline{U}_f^2)^{1/2}]$$

$$\overline{c}_0=\left(\frac{c_eQ_e}{Q_f}\right)/\ (1+4K\overline{E}_x/\overline{U}_f^2)^{1/2}$$

式中：Q_f 为潮平均净流量。

$K\overline{E}_x/\overline{U}_f^2$ 通常称为 O'Connor 数，用 n 表示。在内陆河流 $n=0\sim0.05$，在潮汐河流中，一般地，$n\approx1$。或更大。对于非保守性物质，完全混合的稀释度与 n 值有关；若 $n=0.75$，则 $c_0=\frac{1}{2}\left(\frac{c_e\cdot Q_e}{Q_f}\right)$。

在潮汐河流中，由潮区界向下至河口，纵向离散系数 $\overline{E}$ 是逐渐增大的，一般地，O'Connor 也增大。

2. 潮汐河口二维水质预测模式

描述潮汐河口的二维水质方程为

$$\frac{\partial c}{\partial t}=-u\frac{\partial c}{\partial x}-v\frac{\partial c}{\partial y}+\frac{\partial}{\partial x}\left(M_x\frac{\partial c}{\partial x}\right)+\frac{\partial}{\partial y}\left(M_y\frac{\partial c}{\partial y}\right)+S_L+S_B+S_K \qquad (2-53)$$

式中：c 为水质组分的浓度；u，v 为垂向平均的纵向，横向流速；M_x，M_y 为纵向，横向扩散系数；S_L 为直接的点源或非点源强；S_B 为由边界输入的源强；S_K 为动力学转化率，正为源，负为汇；x，y 为直角坐标系；t 为时间。

从潮汐河口水质模型的实用数值解考虑，式（4-53）可以写成质量守恒的形式：

$$\frac{\partial M}{\partial t} = -uc - vc + M_x \frac{\partial c}{\partial x} + M_y \frac{\partial c}{\partial y} \pm S \tag{4-54}$$

式中：M 为单位体积的水质组分的质量；S 为水质组分的源和汇。

不论是采用式（4-53）还是式（4-54）来预测潮汐河口的水质变化，都需要求解潮汐河口水动力学模型获取流动（u，v，t）状况。一般采用有限差分法、有限元法、有限体积法等数值求解方法来模拟预测流场和浓度场的分布与变化。

3. 海湾二维水质预测模式

在海湾二维水质预测中，通常需要采用数值模式，同时计算潮流场和浓度场。

（1）海湾潮流模式

$$\frac{\partial z}{\partial t} + \frac{\partial}{\partial x}\left[(h+z)\,u\right] + \frac{\partial}{\partial y}\left[(h+z)\,v\right] = 0 \tag{4-55}$$

$$\frac{\partial u}{\partial t} + u\frac{\partial u}{\partial x} + v\frac{\partial u}{\partial y} - fv + g\frac{\partial z}{\partial x} + g\frac{u\,(u^2+v^2)}{C_z^2\,(h+z)} = 0 \tag{4-56}$$

$$\frac{\partial v}{\partial t} + u\frac{\partial v}{\partial x} + v\frac{\partial v}{\partial y} - fv + g\frac{\partial z}{\partial y} + g\frac{v\,(u^2+v^2)^{1/2}}{C_z^2\,(h+z)} = 0 \tag{4-57}$$

初始条件：可以自零开始，也可以利用过去的计算结果或实测值直接输入计算。

边界条件：陆边界，边界的法线方向流速为零；水边界，可以输入边界上已知潮汐调和常数的水位表达式或边界点上的实测水位过程；对于有大流量水流的水边界，边界点的连续方程应增加 $\Delta t Q_{hi} / (2\Delta x \cdot \Delta y)$。

常用的数值求解方法有有限差分法和有限元法。

（2）海湾二维水质模式

$$\frac{\partial \left[(h+z)\,c\right]}{\partial t} + \frac{\partial \left[(h+z)\,uc\right]}{\partial x} + \frac{\partial \left[(h+z)\,uc\right]}{\partial y}$$

$$= \frac{\partial}{\partial x}\left[(h+z)\,M_x\frac{\partial c}{\partial x}\right] + \frac{\partial}{\partial y}\left[(h+z)\,M_y\frac{\partial c}{\partial y}\right] + S_p \tag{4-58}$$

初值和源强：

$$c_{i,j}^{(0)} = c_h \qquad S_{i,j}^{(l)} = \begin{cases} \dfrac{c_p^{(l)} Q_p^{(l)}}{\Delta x \Delta y} & \text{排放点} \\[2mm] 0 & \text{非排放点} \end{cases}$$

边界条件：陆边界，法线方向的一阶偏导数为零；水边界，可以取边界内测点的值。

常用的数值求解方法有有限差分法、有限无法和有限体积（单元）法。

第三节　典型水污染问题

一、水体污染

1. 水体污染

水体因接受过多的污染物而导致水体的物理、化学和生物学等特征的改变和水质的恶化，破坏了水中固有的生态系统及水体的功能，从而影响了水的有效利用，危害人体健康，这种现象称为"水体污染"。

造成水体污染的原因，有自然的和人为的两个方面。前者如由火山爆发等产生的尘粒落入水体而引起的水体污染；后者如生活废水、工业废水等未经处理而大量排入水体所造成的污染。通常所说的水体污染，均专指人为的污染。

2. 水体污染源

水在自然界中以固、液、气态等方式进行着循环。而在每次循环过程中，都可能由循环的各个环节引入污染物，从而使水体受到污染。而污染物在水体中，受水质环境的影响，进行着各种方式的迁移和转化，或使污染物的毒害加强，或使污染物的毒害减弱，或使污染物的存在形式发生变化。如由离子状态转化为沉淀状态，或由沉淀状态转化为离子状态，或被吸附，或被解析。这些变化都与污染物在水体中的迁移转化有关。

污染物的迁移是指污染物在环境中所发生的空间位置的移动及其所引起的富集、分散和消失的过程。污染物的转化是指污染物在环境中通过物理的、化学的或生物的作用改变形态或转化成另一种物质的过程。虽然污染物的迁移和转化实质不同，但污染物的迁移和转化往往是伴随进行的。各污染源排出的废水、废渣、垃圾及废气均可通过上述途径对水体造成污染。

引起水体污染的主要污染源按人类活动内容可分为：工业污染源、生活污染源、农业污染源及交通运输污染源。这些废水常通过排水管道集中排出，又被称为点污染源。农田排水及地表径流分散地、成片地排入水体，其中也往往含有化肥、农药、石油及其他杂质，形成所谓的面污染源。面污染源在某些地区某些污染的形成上，正越来越严重。

（1）**工业废水**

工业废水是水体污染的最主要的污染源。它的排放具有以下特点：排放量大、种类繁多、成分复杂、有毒性、污染范围广、排放方式复杂、浓度波动幅度大，并且净化和处理均较困难。

（2）**城市生活废水**

城市生活废水是仅次于工业废水的第二大水体污染源，包括生活污水和降水初期的城市地表径流。以有机污染为主，它的特点是：成分复杂，主要是病原微生物、需氧有机物、植物营养物（氮、磷）和悬浮物等，容易引起水体富营养化；在厌氧性细菌作用下易产生恶臭；易使人传染上各种各样的疾病；合成洗涤剂含量高时，对人体有一定的危害。

（3）交通运输污染源

铁路、公路、航空、航海等交通运输部门，除了直接排放各种作业废水（如货车、货舱的清洗废水）外，还有船舶的油类泄漏，汽车尾气中的铅通过大气降水而进入水体等污染途径。

（4）农业排水

农业排水造成的水体污染主要是施肥和灭虫后残剩农药，使水质恶化和富营养化。农业排水具有面广、分散、难于收集、难于治理的特点。因此对农业排水造成的污染不可轻视。

3. 水体污染类型

根据污染物质的性质可以将水污染分成化学性污染、物理性污染及生物性污染等。

（1）化学性污染

①酸碱污染。酸、碱是化工生产的基本原料，在化工生产排放的废水中，经常含有酸碱或酸碱性物质。酸碱对人体皮肤、眼睛和黏膜有强烈的刺激作用。酸、碱和盐的污染主要来自工、矿业废水以及某些工业废渣和酸雨。各种酸、碱和盐等无机化合物进入水体后，溶解土壤中的一些可溶性物质，改变水体的 pH 值，抑制细菌和其他微生物的生长，影响水体的生物自净作用，还会腐蚀船舶和水下建筑物，影响渔业，破坏生态平衡，并使淡水资源的矿化度增高不适于作饮用水源或其他工、农业用水。

②重金属污染。电镀工业、冶金工业、化学工业等排放的废水中往往含有各种重金属。重金属对人体健康及生态环境的危害极大，如汞、镉、铅、砷、铬等。闻名于世的水俣病就是由汞污染造成的，镉污染则会导致骨痛病。重金属排放于天然水体后不可能减少或消失，却可能通过沉淀、吸附及食物链而不断富集，达到对生态环境及人体健康有害的浓度。

③需（耗）氧性有机物污染。是指含有碳水化合物、蛋白质、脂肪和酚、醇等有机物质所造成的水体污染。生活污水和更多工业废水，如食品工业、石油化学工业、制革工业、焦化工业等废水中都含有这类有机物。这些物质以悬浮或溶解状态存在于污水中，可通过微生物的生物化学作用而分解。分解过程中需要消耗氧，因此被统称为需（耗）氧性有机物。

这类物质虽然不具有毒性，但大量需氧性有机物排入水体，会引起微生物繁殖和溶解氧的消耗。当氧化作用进行得太快，而水体不能及时从大气中吸收充足的氧来补充消耗，水体中溶解氧降低至 4mg/L 以下时，鱼类和水生生物将不能在水中生存。水中的溶解氧耗尽后，有机物将由于厌氧微生物的作用而发酵，生成大量硫化氢、氨、硫醇等带恶臭的气体，使水质变黑发臭，严重污染水环境和大气环境。需氧有机物污染是水体污染中最常见的一种污染。

④营养物质污染。营养性污染物指可以引起水体富营养化的物质，主要有氮和磷。此外，可生化降解的有机物、维生素类物质、热污染等也能触发或促进富营养化过程。故又称为富营养污染。生活污水和某些工业废水中常含有一定数量的氮、磷等营养物质，农田径流中也常挟带大量残留的氮肥、磷肥。这类营养物质排入湖泊、水库、港湾、内海等水流缓慢的水体，将提高各种水生生物的活性，刺激它们大量繁殖（尤其是藻类），这种现

象被称为"富营养化"。大量藻类的生长覆盖了大片水面，减少了鱼类的生存空间，藻类死亡腐败后会消耗溶解氧，并释放出更多的营养物质。如此周而复始，恶性循环，最终将导致水质恶化、鱼类死亡、水草丛生、湖泊衰亡。

富营养化是湖泊水体老化的一种自然现象。在自然界物质的正常循环过程中，湖泊将由贫营养湖发展为富营养湖，进一步又发展为沼泽地和干地。但这一历程需要很长的时间。在自然条件下需几万年甚至几十万年。但是，人为的富营养化将大大加速这个过程。

湖泊富营养化是可逆的，特别对于人为富营养化湖，通过合理的治理，如切断流入湖内过量营养物质的来源、清除湖底淤泥、疏浚河道、缩短湖泊换水周期等，可使湖泊恢复年轻。

⑤有机毒物污染。各种有机农药，有机染料及多环芳烃、芳香胺等往往对人体及生物体具有毒性，有的能引起急性中毒，有的则导致慢性病，有的已被证明是致病、致畸形、致突变物质。有机毒物主要来自焦化、染料、农药、塑料合成等工业废水，农田径流中也有残留的农药。

这些有机物大多具有较大的分子和较复杂的结构，不易被微生物所降解，因此在生物处理和自然环境中均不易去除。

（2）物理性污染

①悬浮物污染。各类废水中均有悬浮杂质，排入水体后影响水体外观和透明度，降低水中藻类的光合作用，对水生生物生长不利。悬浮物在水体中沉积后，淤塞河道，危害水体底栖生物的繁殖。悬浮物还有吸附凝聚重金属及有毒物质的能力。在废水处理中，通常采用筛滤、沉淀等方法使悬浮物与废水分离而除去。

②热污染。热污染主要来源于工矿企业向江河排放的冷却用水，当温度升高后的水排入水体时，将引起水体水温升高，溶解氧含量下降，微生物活动加强，某些有毒物质的毒性作用增加等，对鱼类及水生生物的生长有不利的影响。

③放射性污染。放射性是指原子裂变而释放射线的物质属性。对人体有危害的放射线有 X 射线、γ 射线、α 射线、β 射线及质子束等。放射性污染是放射性物质进入环境造成的。

放射性污染包括天然放射性污染和人工放射性污染，人工放射性污染来源于原子能工业和反应堆设施的废水、核武器制造和核武器的污染、放射性同位素应用产生的废水、天然铀矿开采和选矿、精炼厂的废水等。放射性污染物可以通过呼吸道、消化道、皮肤和食物链进入人体。水中的放射性污染物可以附着在生物体表面，也可进入生物体内蓄积起来，影响人体健康。当人体受到放射性辐射时，可诱发癌症，对孕妇和胎儿产生损伤，引起遗传性伤害等。

（3）生物性污染

生物性污染主要指病原体污染，病原体污染来源于生活污水、畜禽饲养场污水以及制革、屠宰业和医院等排出的废水，这些污水往往带有一些病原微生物，如伤寒、副伤寒、霍乱、细菌性痢疾的病原菌等。水体受到病原体污染后，会传播疾病，将对人类健康及生命安全造成极大威胁。

在实际的水环境中，上述各类污染往往是同时并存的，也常常是互有联系的。例如，很多有机物以悬浮状态存在于废水中，很多病原性微生物与有机物共同排放至水体等。

二、海洋污染

由于人类活动直接或间接的排入海洋的有害物质，超过了海洋的自净能力，改变了海水及其底质的物理、化学和生物学性状的现象，称之为海洋污染。

海洋污染有如下几个途径：工业废水、废渣的直接或间接排放和倾倒；生活污水、农药直接或间接排放和倾倒；船舶、油船排放的废水和废物；海底石油开采渗漏的石油及其他有害物质；投弃海洋中放射性废物；战争中大气降落的有害灰尘和有害气体；海上的其他事故等。每年都有数十亿吨的淤泥、污水、工业垃圾和化工废物直接流入海洋；河流每年也将近百亿吨的淤泥和废物带入沿海水域。因此造成世界许多沿海水域，特别是一些封闭和半封闭的海湾和港湾出现富营养化，过量的氮、磷等营养物造成藻类和其他水生植物爆发性增殖，消耗大量的溶解氧，导致水生生物的死亡，有可能发生由毒藻类构成的赤潮。赤潮往往很快蔓延，造成鱼类死亡、贝类中毒，给沿海养殖业带来毁灭性的影响。

随着石油事业的发展，油类物质对水体的污染越来越严重，已成为水体污染的重要类型之一。特别在河口、近海水域，油的污染更为严重。目前通过各种途径排入海洋的石油数量每年达几百万吨至上千万吨。据实测每吨石油可能覆盖 $5 \times 10^6 \, m^2$ 的水面。油膜使大气与水面隔绝，破坏正常的复氧条件，将减少进入海水的氧的数量，从而降低海洋的自净能力。

油膜覆盖海面阻碍海水的蒸发，影响大气和海洋的热交换，改变海面的反射率和减少进入海洋表层的日光辐射，对局部地区的水文气象条件产生一定的影响。

海洋石油污染的最大危害是对海洋生物的影响。水中含油 $0.01 \sim 0.1 \, ml/L$ 时对鱼类及水生生物就会产生有害影响。油膜和油块能粘住大量鱼卵和幼鱼，或使鱼卵死亡，更使破壳出来的幼鱼畸形，并使其丧失生活能力。因此，石油污染对幼鱼和鱼卵的危害最大。石油污染短期内对成鱼危害不明显，但石油对水域的慢性污染会使渔业受到较大的危害。

海洋约占地球总面积的 71%，是地球上最大的水体。海洋污染有如下特点。

（1）污染源多而复杂

海洋污染的污染源包括陆地和海洋上的污染，在陆地上的大气污染物、水体中的污染物以及固体废物都可以直接或间接地进入大海，因此，可以说，一切的污染物最终都可能进入大海，如大气中的污染物可通过降水，水体中的污染物可通过迁移，固体废物可通过溶解和径流的方式使污染物进入海洋。

（2）污染的持续性强，危害性大

海洋是一切污染物的最终归宿。污染物进入海洋后，很难转移出去（除渔业外），因此，一些不溶解、不易分解的污染物便在海洋中积累起来，数量逐年增多，这些污染物还能通过迁移转化而扩大危害污染范围。

（3）污染影响的范围大

虽然海洋不是人类居住的场所，但海洋却是人类消费和生产所不可缺少的物质和能量的源泉。海洋的面积很大，自净能力很强，而且处理污染物的容量很大，所以人们常将海洋当成污染物的净化场所，但当海洋一旦受到污染时，直接威胁着人类的生存，由于地球上各个海洋都是相互连通的，当某一海域受到污染时，可通过扩散作用迁移污染物，最终使全球的海洋均受到污染，并且是很难治理的。

三、饮用水污染

现在许多城镇的水源，不仅受到城市污水和工业废水等点源的污染，而且还受到农田径流、大气沉降、降水等多种非点源的污染。前者是较容易控制的，而后者则很难控制，因此即使城市污水和工业废水处理普及率很高的发达国家或地区，如北美、西欧，其许多饮用水源的污染仍在逐渐加重。污染的特点是水中含有许多微量的有机化合物和一些无机物（主要是重金属），其中有些是致癌、致畸和致突变的。国内外一些流行病学的调查研究证明，饮用污染水的人群比饮用洁净水的人群的消化道癌症死亡率明显提高。

过去为了保护水源地曾采用设置卫生防护带的做法，但这种做法不能非常有效地控制水源免受污染，因为卫生防护带以外点源的排放，尤其是非点源的排放会使水源受到不同程度的污染。一些作为水源的水库和湖泊，由于城市污水和工业废水的汇入以及农田径流水或灌溉回水的汇入造成含磷等营养物的增加并出现富营养化现象，导致蓝绿藻类的过度繁殖，分泌出有异臭、异味的物质，甚至一些毒素，使水质恶化。为了消除这种不良现象，在其入口处拦截流入的水流进行化学沉淀除磷处理，将脱除磷和其他污染物的处理水引入水库中。一些地下水源更易受到污染，美国有的地方将污染的地下水源抽出，经活性炭滤罐过滤后再回注入地下水源中。另外，地下水源的过量开采使地下水位不断下降，储水量不断减少，是个相当普遍的问题，美国将城市污水进行高级处理或经过土地处理系统处理后注入或渗入地下水中以补充地下水源。德国则将一些污染的河水（如鲁尔河、莱茵河）经臭氧化一生物活性炭法深度净化后，通过慢滤池或深井回注入地下水中，以供地下水源之用。

根据中国 242 个地下水源调查，完全符合Ⅲ类"地下水质量标准"的水源数为 162 个，供水量为 $41.58 \times 10^8 m^3/a$，分别占调查地下水源数及水量的 66.94％及 72.2％。有 80 个水源不符合Ⅲ类"地下水质量标准"，占被调查总数的 33.1％，其供水量为 $15.93 \times 10^8 m^3/a$，占地下水总供水量的 27.71％，主要超标项目为：溶解性固体、挥发性酚类、高锰酸盐指数、硝酸盐氮、氨氮、氟化物、汞、铬、总大肠菌群等 10 余项。

根据中国地表水水源调查表明，在全国 329 个水源中，枯、平、丰三期可达 GB 3838－2002Ⅱ类标准的水源数分别为 108 个、107 个、123 个，分别占水源数的 32.8％、32.53％和 37.39％。对应水量为 $16.27 \times 10^8 m^3/a$、$17.94 \times 10^8 m^3/a$、$17.70 \times 10^8 m^3/a$，分别占总水量的 16.67％、18.38％和 18.14％。调查表明，全国水源中至少有 80％以上的水体因受到污染而达不到地面水质量标准Ⅱ类，52％的水体受到较为严重的污染。地表水源中污染类型主要属有机污染型。

思考题

1. 水体污染源有哪些？水质指标有哪些？
2. 简述水体污染物在河流和湖泊中的运动特点。
3. 简述水体污染物在海水中的运动特点。

第五章　大气环境污染

学(习)目(标)

　　通过本章学习，了解大气的结构与组成及大气的交换与平衡；掌握影响大气污染的气象因素、大气污染的发生及危害、大气的污染物及其迁移转换，尤其是大气污染物的迁移转化与典型的大气环境问题。

第一节　大气的结构与组成

一、大气圈及其分层

　　大气是在45亿年前地球形成以后逐渐变化而成的，具有独特的结构和组成。大气为地球生命的繁衍和发展提供了理想的环境，它的状态和变化也时时处处影响着人类的生存与发展。从宇宙空间看到的地球，包围在地球外部的是一层美丽而又千变万化的气体；在自然地理学上，把由于地心引力而随地球旋转的大气层称作大气圈。大气层以地球的水陆表面为其下界，称为大气层的下垫面。大气圈最外层的界限是很难确切划定的，没有明显的分界线，而是逐渐过渡到星际空间，但是，也不能认为大气圈是无限的。通常有两种依据确定大气圈垂直范围的最大高度：一是依据大气中出现的某些物理现象，根据观测资料，在大气中极光是出现高度最高的物理现象，它可以出现在距海平面1200km的高度上，由此可以将1200km定为大气的物理上界；另一种是将地球大气密度随高度逐渐减小到与星际气体密度接近的高度作为大气上界，按照人造卫星探测到的资料推算，这个上界在2000～3000km的高度。

　　地球大气的总质量约为$6×10^{12}$t，只占地球总质量的百万分之一。由于受到地心引力的作用，大气质量在垂直方向上的分布是极不均匀的，越靠近地球核心，大气的密度越大。假如把海平面上的空气密度设为1，那么在240km的高空，大气密度就只有它的千万分之一；到了1600 km的高空就只有它的千万亿分之一了。整个大气圈质量的50%集中在高于海平面5km以内的空间，75%集中在10km以内的空间，90%集中在16km以内的空间；99.999%集中在80km以内的空间。

　　依据大气在垂直方向上温度、成分、荷电等物理性质的变化，世界气象组织于1962

年把整个地球大气圈划分为 5 层，自下而上依次为对流层、平流层、中间层、电离层和散逸层，如图 5-1 所示。

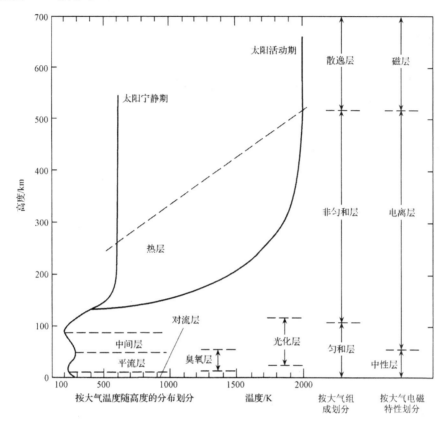

图 5-1　大气的垂直分层

1. 对流层

对流层是大气圈的最底层，其厚度随纬度和季节而变，平均为 12km。整个大气圈质量的约 80%～95% 都集中在这层。一般情况下，该层气温随高度增加而递减，平均每上升 100m 降温 0.65℃。对流层大气对流运动强烈，云、雾、雨、雪等主要天气现象都发生在该层。对流层受地面状况和人为活动影响最为显著，大气的温度、湿度等气象要素的水平分布差异大，形成不同的局部大气环境，产生各种大气污染现象。受下垫面影响较大的低层大气层又称为大气边界层或摩擦层，其厚度自下垫面以上 1～2km，大部分大气扩散和大气污染问题都发生在这层。在对流层和平流层之间，有一个厚度为数百米到 1～2km 的过渡层，称为对流层顶，这一过渡层的主要特征是温度随高度增加降低很慢或是几乎恒温，对垂直气流有很大的阻挡作用。

2. 平流层

从对流层顶至 50km 左右高度的大气层称为平流层。在对流层顶以上臭氧量开始增加，至 22～25km 附近臭氧浓度达极大值，此后又减少，到 50km 处臭氧量就极少了，因此臭氧主要集中在平流层内。臭氧能吸收太阳辐射的紫外线，分解成氧气分子和氧原子，它们很快又重新结合成臭氧并放出能量。该层气温先随高度增加缓慢升高，从 30～35km 起，随高度增加而迅速升温。平流层大气多为平流运动，该层比较平稳。平流层中水汽和尘埃的含量很少，云也很少。

3. 中间层

从平流层顶至 85km 高度的大气层称为中间层。由于该层的臭氧稀少，而且氮、氧等气体所能直接吸收的太阳短波辐射大部分已被上层大气吸收，因此中间层的气温随高度增加迅速降低。在中间层顶气温达到极低值，是大气中最冷的一层。该层空气具有强烈的垂直对流运动。

4. 电离层（热成层）

从中间层顶至 800km 高度的大气层称为电离层。在太阳和其他星球辐射的各种射线作用下，该层大气处于高度电离状态。电离后的原子氧能够强烈吸收太阳紫外光的能量，因此大气温度随高度迅速升高。电离层能将电磁波反射回地球，对全球的无线电通信具有重大意义。

5. 散逸层

电离层之上的大气层统称为散逸层。它是大气圈的最外层，也是大气向星际空间的过渡。此层空气极其稀薄，气温很高，并随高度增加而继续升高。该层地心引力微弱，一些运动速度快的空气质点可以摆脱地球引力散逸至星际空间。

另外，以大气的不同特征为依据，整个大气层还可以比作一座别致的"两层小楼"，如图 5-1 所示。一是依据大气的化学组成，大气层可分为均质层和非均质层。均质层是从海平面至 90km 高度的大气层，虽然其密度随高度增加而减小，但除了水汽的含量变化较大以外，其他组分的比例大体稳定，基本不随高度变化。在 90km 以上的非均质层，大气的组成成分随高度发生强烈变化，大气不再是均匀混合的；大致又可分为：氮层（距海平面 90～200km）、原子氧层（距海平面 200～1000km）、氦层（距海平面 1100～3200km）、氢层（距海平面 3200～9600km）。二是根据大气是否被电离的状态，大气层可分为光化层和电离层。光化层（或非电离层）基本上没有被电离而处于中性状态，而以上的大气在太阳紫外线的作用下开始电离，形成大量的正、负离子和自由电子，因此为电离层，它对无线电通信极为重要。

二、大气的组成

过去人们认为地球大气是很简单的，直到 19 世纪末才知道地球上的大气是由多种气体组成的混合体，并含有水蒸气和部分杂质。这里主要讨论距海平面 90km 高度以下低层大气的组成。

低层大气的组成成分可分为三类：不变气体成分、可变气体成分和不定气体成分。"不变气体成分"，主要包括氮、氧、氩，以及微量的惰性气体氖、氦、氪、氙等，这些气体的成分之间维持固定的比例，其含量在近地层基本上不随时间、空间而变化；"可变气体成分"，以水蒸气、二氧化碳和臭氧为主，这些成分的含量和比例随时间、地点及人们生产和生活活动的影响而变化，其中水蒸气的变化幅度最大；"不定气体成分"，是指由自然界的火山爆发、森林火灾等自然现象以及人类社会生产等人为因素而造成大气中增加或增多的成分。

由上述不变组分和可变组分共同组成的大气，是洁净的大气，包括干洁空气和水蒸气；而上述不定组分就是常说的杂质微粒和新的污染物。故也可以说大气是由干洁空气、水蒸气和悬浮微粒三部分构成。干洁空气就是大气中除去水蒸气、液体固体微粒、新污染物以外的整个混合气体，简称干空气；它的主要成分是氮、氧、氩、二氧化碳等，其含量占全部干洁空气的 99.99%（体积百分比）以上，其余还有少量的氢、氖、氦、氙、臭氧等。干洁大气的主要成分和比例见表 5-1。

表 5-1　干洁空气成分表

气体种类和分子式	空气中的含量/%		相对分子量	临界温度和临界压力（大气压）	沸点温度/℃（气压为 760mm 水银柱）	
	按体积	按质量				
氮（N_2）	78.09	75.52	28.016	−147.2	33.5	−195.8
氧（O_2）	20.95	23.15	32.000	−118.9	49.7	−183.1
氩（Ar）	0.93	1.228	39.944	−122.0	48.0	−185.6
二氧化碳（CO_2）	0.03	0.05	44.010	31.0	73.0	−78.2
臭氧（O_3）	0.000001	—	48.000	−5.5	92.3	−111.1
干洁空气	100.00	100.00	28.966	−140.7	37.2	−193.0

由于大气中存在着大气运动和分子扩散作用，使不同高度、不同地区的空气得以进行交换和混合；在 80~100 km 的均质大气层中，干洁空气的组成基本上是不变的。干洁空气的平均相对分子质量为 28.966；标准状态下密度为 1.293kg/m³。在自然界大气的温度和压力条件下，干洁空气的所有成分都处于气态，可以看成是理想气体。大气中一些对人类活动和天气变化具有重要影响的成分包括：

1. 氧气

氧气占大气质量的 23%，是动植物生存、繁殖的必要条件。氧气的主要来源是植物的光合作用；同时有机物的呼吸和腐烂、矿物燃料的燃烧等又需要消耗氧气而放出二氧化碳。

2. 氮气

氮气占大气质量的约 76%，其性质非常稳定，只有极少量的氮能被某些特殊微生物固定在土壤和海洋里转变成有机化合物。另外，闪电能把大气中的氮氧化物变成二氧化氮，并通过雨水吸收进入土壤，成为植物所需的肥料。

3. 二氧化碳

二氧化碳的含量随地点和时间有很大差异。如人烟稠密的工业区二氧化碳含量高，而农村则大大减少；同一地区通常冬季多夏季少，夜间多白天少，阴天多晴天少。二氧化碳能强烈地吸收地表发出的长波辐射，也能放出长波辐射，对地表有很好的保温效果。

4. 臭氧

臭氧是分子氧吸收波长短于 0.24μm 的紫外线辐射后重新结合的产物。臭氧的产生需要有足够的氧气分子密度以及紫外辐射，主要集中在平流层。臭氧对太阳紫外线辐射有强烈的吸收作用，阻挡了大部分紫外线入射，是地球生命的保护伞。

5. 水汽

水蒸气在大气中虽然含量很少，但变化很大，其变化范围在 0.4%。水蒸气绝大部分集中在低层大气中，1/2 的水蒸气集中在 2km 以下，10～12km 高度以下的水蒸气约占全部水蒸气总质量的 99%。大气中的水蒸气来源于下垫面，如水面、潮湿物体表面、植物叶面的蒸发。由于大气温度远低于水的沸点，因此水在大气中有相变效应，是天气变化的主要角色，云、雾、雨、雪、露、霜等都是水汽的各种形态。另外，水汽能强烈地吸收地表发出的长波辐射，也能放出长波辐射；水蒸气的蒸发和凝结又能吸收和放出潜热，这些都直接影响到地面和空气的温度，影响大气的运动和变化。

6. 悬浮微粒

大气中除了气体成分以外，还有很多的液体和固体杂质、微粒。如火山爆发、尘沙飞扬、物质燃烧的颗粒、流星燃烧所产生的细小微粒和海水飞溅扬入大气后而被蒸发的盐粒、细菌、微生物、植物的孢子花粉，以及悬浮于大气中的水滴、过冷水滴和冰晶等水蒸气凝结物。它们多集中于大气的底层。它们直接影响大气的能见度；又能充当水蒸气凝结的核心，加速大气中成云致雨的过程；还能吸收部分太阳辐射，又能削弱太阳直接辐射和阻挡地面长波辐射，对地面和大气的温度变化产生一定的影响。

三、大气的交换与平衡

地球各圈层，尤其是生物圈各组分，与大气圈保持着十分密切的物质和能量交换，使大气各组分之间维持着极其精细的动态平衡。

目前下层大气中氧气的浓度为 21%，这是亿万年来生物圈进化与大气圈相互作用的结果。30 亿年前，大气圈中氧气浓度只有现在的千分之一，原始的生命为了躲避紫外线致命的伤害，只能存在于水面以下 10m 深处的水体中。到距今 6 亿年时，氧气浓度达到现水平的百分之一，出现了臭氧的保护，生命开始出现在水面上。到 4 亿多年前，氧气浓度达到现在水平的十分之一，臭氧的浓度进一步增加，生命才能从海洋登上陆地。如果当前大气中氧气浓度下降，则不仅生活在低海拔的人会经受高山反应之苦，而且氧化反应受到抑制，燃料燃烧产生的一氧化碳等有毒气体将积累在大气圈。相反，如果大气中氧浓度增高，譬如从现有的 21% 增高至 25%，则雷电就能把嫩枝和草地点燃，造成连绵不断的火灾，使全球植被遭到破坏。

目前还没有观测到大气中氧气浓度的这种显著变化，但是一些大气微量组分的浓度已经发生实质性变化则是不争的事实。其中最受关注的是 CO_2 和 O_3 等气体浓度的变化。

距今 20 亿～30 亿年以前，大气圈中 CO_2 的浓度很高，约为今天 CO_2 浓度的 10 倍。到 16 亿年前，随着含氧大气圈的形成，大气中 CO_2 的浓度逐渐下降到今天的水平。一定浓度 CO_2 的存在，对地表温度的调节至为重要。但是当前 CO_2 浓度持续升高，已作为最重要的温室气体受到全球共同关注。

甲烷也是大气中一种敏感的微量组分。目前，其浓度低于百万分之二；如果其浓度过高，在现有的氧浓度下就会因闪电而燃烧。更为重要的是，甲烷的温室效应比二氧化碳强300多倍。

大气圈各组分之间这种精细的平衡，是地球环境亿万年发育的结果。保持这种平衡是维护生物圈所必需的，破坏这种平衡就是破坏生命的基础。然而，人类社会实现工业化以来，规模和强度日益加大的人类活动正在破坏这种平衡，这是人类面临的重大环境问题之一。

第二节　影响大气污染的气象因素

一个地区的大气污染程度是由大气污染源、气象条件和下垫面状况这几个方面的因素共同决定的。大气污染物自污染源排出后，在到达受体之前，在大气中要受到气象因子的作用而引起输送、扩散和稀释，经过物理或化学变化过程。在迁移转化的过程中，气象条件将决定大气对污染物的稀释、扩散速率和迁移转化的途径，因此气象因素对研究大气污染起着至关重要的作用。

一、大气的运动

1. 大气运动的动力

大气的运动是由大气中热能的交换所引起的，并受到各种力的共同作用。作用于大气上的力主要有气压梯度力、地转偏向力、惯性离心力和摩擦力，这些力之间的不同组合形成了各种形式的大气运动，表现为风和大气湍流。

2. 风

大气的水平运动称作风，以风向和风速两个基本要素描述。大气污染物在风的作用下，会沿着下风向输送、扩散和稀释。

风向频率玫瑰图是气象学上对风向研究的一种方法和手段，它反映某段时期某地区各风向发生的频率，如图5-2所示。风向频率玫瑰图是将相邻风向方位上风向频率点用直线连接而成的闭合图形，各风向方位上点到圆心的距离表示该方位风向频率的大小，中心圆内所标数字表示静风的发生频率。某一风向频率越大，其下风向受污染的概率越高，反之越低。

大气污染不仅受到风向的影响也受风速的影响。某一风向的风速越大，对污染物的输送、扩散和稀释能力越大，则下风向的污染程度越小。为了综合反映某一地区风向频率和平均风速对大气污染的综合影响程度，常用污染系数来描述，也可绘成污染系数玫瑰图来直观表达，如图5-3所示。某风向的污染系数越大，则下风向的污染就越重。

$$污染系数 = \frac{风向频率}{平均风速}$$

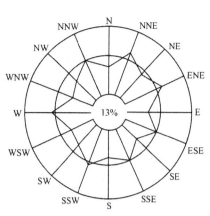

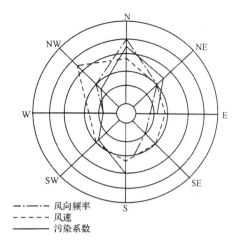

图 5 - 2　风向频率玫瑰图　　　　　　　图 5 - 3　污染系数玫瑰图

3. 大气湍流

大气杂乱无章的运动称为大气湍流，表现为风向的摆动和风速的涨落，并由此引起温度、湿度以及污染物浓度等的随机涨落。污染物的扩散主要靠大气湍流运动的作用，如果大气只做很有规则的运动，则污染物排出后受风的作用向下风向输送，只有自身的分子扩散；然而实际在大气湍流的作用下，大大加强了污染物向周围的扩散。

大气湍流的强弱与大气在垂直方向上温度的变化和风速分布相关，也受到下垫面性质的影响。由大气在垂直方向上温度的变化引起的大气湍流，称为热力湍流，其强度主要取决于大气稳定度。由大气在垂直方向上风速分布不均匀及地面粗糙度引起的大气湍流，称为机械湍流，如地面上山丘、高层建筑等引起的湍流，其强度主要取决于风速梯度和地面粗糙度。实际的大气湍流是上述两种湍流共同作用的结果。

大气湍流有极强的扩散能力，比分子扩散快 $10^5 \sim 10^6$ 倍，污染物受到湍流作用，不断与周围空气混合，不断被稀释。湍流的发生和强度取决于风速、大气热状况和地面状况，大气越不稳定，风速垂直变化越大，越有利于湍流的发生。

风和湍流是决定污染物在大气中扩散稀释的最直接最本质的因素，其他一切气象因素都是通过风和湍流的作用来影响污染物扩散稀释的。风速越大，湍流越强，污染物扩散稀释的速度就越快，污染物的浓度就越低，因此有利于增大风速、增强湍流的气象条件，有利于污染物的扩散稀释。

二、大气边界层的温度场

1. 气温垂直递减率

气温随高度的变化情况这一特征可用气温垂直递减率（简称气温直减率）来描述，用 γ 表示，其表达式为

$$\gamma = -\frac{\mathrm{d}T}{\mathrm{d}z}$$

式中：T 为大气的温度；z 为垂直高度。

气温垂直递减率系指单位高差（通常取100m）气温变化速率的负值，即每升高（或降低）单位高度气温下降（或升高）的数值。可知，如果气温随高度增高而降低，则 γ 为正值；如果气温随高度增高而上升，则 γ 为负值。

在物理上，当一系统在与周围物体没有热量交换而进行状态变化时，称为绝热变化，状态变化所经历的过程就称为绝热过程。假设一空气块做快速的垂直运动，来不及和周围的空气进行热量交换，而外界的压力变化却很大，则可认为该空气块的运动为绝热运动。将干空气块（或未饱和的湿空气团）在绝热条件下的气温垂直递减率数值称为干绝热递减率，以 γ_d 表示。理论和实践都证明，一个干燥的气团（或未饱和的湿空气团）在大气中绝热垂直上升（或下降）100m时，其温度降低（或升高）的数值约为0.98K。也就是说，在干绝热过程中，气团每上升100m，温度约降低1℃。

γ（气温垂直递减率）与 γ_d（干绝热递减率）的含义是完全不同的。γ_d 是干空气团在绝热上升过程中气团的递减率，它近似为常数；而 γ 是表示环境大气的温度随高度的分布情况，在不同的大气状况下 γ 有不同的数值，可以大于、小于或等于 γ_d。比较 γ_d 和 γ 的大小，可以判断大气温度层结的性质。

2. 大气温度层结

大气温度层结指大气温度在垂直方向上的变化情况，即大气温度的垂直分布。大气温度层结直接影响大气的稳定程度，进而影响着大气湍流的强度，因此温度层结与大气污染状况密切相关。对大气湍流的测量比对大气温度的测量困难得多，因此常用温度层结作为大气湍流状况的指标，从而判断污染物的扩散情况。

在正常的气象条件下（标准大气状况下），近地层的气温总要比上层的气体温度高，整个对流层的气温垂直递减率平均为0.65℃/100m；但实际大气的情况非常复杂，近地层大气的气温垂直分布比标准大气状况复杂得多，有以下几种情况（图5-4）：①气温随高度增加而递减，$\gamma>0$，为正常分布层结或递减层结；

②气温直减率等于或近似等于干绝热递减率，$\gamma=\gamma_d$，为中性层结；

③气温不随高度变化，$\gamma=0$，为等温层结；

④气温随高度增加而增加，$\gamma<0$，为逆温。

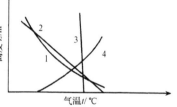

图5-4　大气温度层结类型

3. 逆温

在特定情况下，会出现气温随高度的增加而增加的现象，即逆温。根据逆温层出现的高度不同，可分为接地逆温层和上层逆温层。若从地面开始就出现逆温，称为接地逆温；若在空中某一高度区间出现逆温，则为上层逆温。如图5-5所示。

逆温对应着稳定的大气状况，逆温层就像一个盖子一样阻碍着大气的垂直运动，常造成污染物的积聚。大气污染事件多发生在有逆温层和静风的不利气象条件下，因此需对逆温予以高度重视。

产生逆温的原因有多种，据此可将逆温分成以下几种。

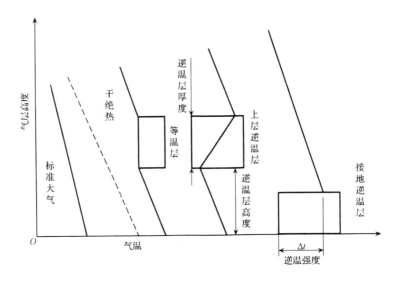

图5-5 气温垂直递减率与各种逆温

（1）辐射逆温

在晴空无云（或少云）的夜间，当风速较小时，地面因强烈的有效辐射而很快冷却，紧接着使近地面空气也变冷，而较高气层冷却较慢，形成了自地面开始逐渐向上发展的逆温层，即为辐射逆温。辐射逆温一般在日落前后开始形成，夜间从地面向上扩散，日出前达到最强；日出后，太阳辐射逐渐增强，地面逐渐增温，空气也自下而上增温，逆温便随之自下而上逐渐消失。其形成过程如图5-6所示。

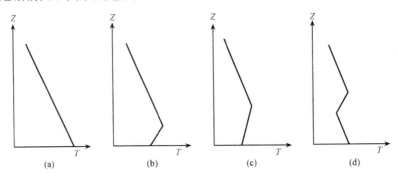

图5-6 辐射逆温的产生、发展和消失过程

（a）是下午时递减温度层结；（b）是日落前1小时逆温开始生成的情况；随着地面辐射的增强，地面迅速冷却，逆温逐渐向上发展，黎明前达到最强，如图5-6（c）所示；日出后太阳辐射逐渐增强，地面逐渐增温，空气也随之自下而上地增温，逆温便自下而上地逐渐消失，如图5-6（d）；大约上午10点逆温层完全消失，又回到如（a）所示的温度层结。

（2）下沉逆温

下沉逆温是指由于空气的下沉压缩增温作用而形成的逆温，又称压缩逆温。当高压区内某一层空气发生强度较大的气团下沉运动时，常可使原来具有稳定层结的空气层压缩成逆温层，如图 5-7 所示。假定某高度有一大气层 ABCD，厚度为 h；当它下沉时，由于周围大气对它的压力逐渐增大，以及由于水平辐射，该气层被压缩为 $A'B'C'D'$，厚度也减小为 h'（$<h$）。由于顶部 CD 下沉到 $C'D'$ 的距离比底部 AB 下沉到 $A'B'$ 的距离大，使气层顶部的绝热增温大于底部。若气层下沉距离很大，就可能使顶部增温后的气温高于底部增温后的气温，形成逆温层。

下沉逆温一般出现在高气压控制区里，范围广，厚度大，一般可达数百米。下沉气流一般达到某一高度就停止了，所以下沉逆温多发生在高空大气层。在副热带，反气旋（即高气压）是半永久性的，大范围的下沉逆温对广大地区的近地层混合层形成一个非常严密的盖子，使地面污染物浓度增大。

（3）平流逆温

当暖空气流到冷的下垫面上，使近地面空气因接触冷却作用而形成的逆温。平流逆温的强弱，主要取决于暖空气和冷地面的温差，温差越大，逆温越强。冬季当海洋上的较暖空气流到大陆上时，可出现强的平流逆温。它的厚度不大、水平范围较广。

（4）地形逆温

这种逆温是由于局部地区的地形造成的。例如，盆地和谷地的逆温，山脉背风侧的逆温，都属于地形逆温。冬天洛杉矶山脉背风侧，由于辐射冷却形成一个寒冷的气团，气团紧靠山脉堆积成一个冷空气塘，越过山脉下降的暖空气在这个停滞的冷空气池的顶部展开，对向上扩散来说，形成一顶几乎不能透过的帽子。

（5）锋面逆温

这是由大气中冷暖空气团相遇形成的一个倾斜的过渡层（称为锋面），较暖空气因密度小爬升到较冷空气之上而形成的逆温，如图 5-8 所示。锋面是一个倾斜的过渡层，总是向冷空气一侧倾斜，所以锋面逆温只能在冷空气区一边观测到。一般锋面都在移动，因此在空气污染的考虑中不特别重要，但是移动缓慢的暖锋就可能发生大气污染问题。

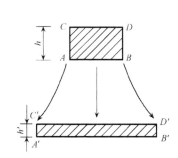

图 5-7　下沉逆温的形成

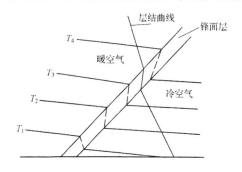

图 5-8　锋面逆温的形成过程

逆温层能阻碍空气上升运动的发展，若逆温层存在于空中某个高度，则会使空气中的杂质、尘埃、污染物聚集在逆温层下部。在城市和工业区的上空，逆温层的形成可以使有毒物质不易扩散，加剧大气污染，并可能造成严重的危害，如伦敦烟雾事件等。逆温强度越大，厚度越厚，维持时间越长，污染物越不易扩散和稀释，危害也越大。

（6）湍流逆温

低层空气湍流混合形成的逆温为湍流逆温。大气的湍流运动使大气中包含的热量、水分和污染物得以充分的交换和混合。湍流逆温的形成过程如图 5-9 所示。图 5-9（a）中的 AB 是气层在湍流混合前的气温分布，$\gamma < \gamma_d$；低层空气经湍流混合后，气层的温度将按干绝热递减率变化，如图 5-9（b）中的 CD，但在混合层以上，混合层与不受湍流混合影响的上层空气之间就出现了一个逆温的过渡层 DE，即为湍流逆温层。

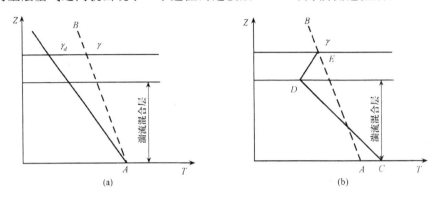

图 5-9　湍流逆温的形成过程

三、大气稳定度

1. 大气稳定度

大气稳定度是指在垂直方向上大气稳定的程度，它是用来描述环境大气层结对于在其中做垂直运动的气团起什么影响的一种热力性质，污染物在大气中的扩散与大气稳定度有密切的关系。

假如某空气块受到对流冲击力的作用，产生了向上或向下的运动，那么可能出现三种情况：如空气团移动后逐渐减速，并有返回原来位置的趋势，这时的气层对于该空气团而言是稳定的；如空气团逐渐加速运动，有远离起始高度的趋势，这时的气层对于该空气块而言是不稳定的；如空气块被推到某一高度后就停止或做等速运动，则这时的气层是中性的气层。

判断大气是否稳定，可用气块法来说明。假设一气块的状态参数为 T_i、P_i 和 ρ_i，周围大气的状态参数为 T、P 和 ρ，则单位体积气块所受四周大气的浮力为 ρ_g，本身的重力为 $-\rho_{ig}$，在此二力的作用下产生的向上加速度为

$$a = \frac{g\ (P-P_i)}{P_i}$$

利用准静力条件 $P=P_i$ 和理想气体状态方程，则有

$$a = \frac{g\ (T-T_i)}{Ti}$$

若气块运动过程中满足绝热条件，则气块运动 Δz 高度时，其温度 $T_i = T_{i_0} - \gamma_d \cdot \Delta z$；而同样高度的周围空气温度 $T = T_0 - \gamma \cdot \Delta z$。假使起始温度相同，$T_{i_0} = T_0$，则有

$$a = \frac{g\ (\gamma - \gamma_d)}{\gamma} \Delta z$$

实际上，某一气层是否稳定的问题，就是运动的气团比周围大气是轻还是重的问题。

而空气的轻重取决于气压和气温，在气压相同的情况下，两团空气的相对轻重实际上取决于两者的温度。因此，大气是否稳定，可用环境大气的气温垂直递减率（γ）与上升空气团的气温干绝热垂直递减率（γ_d）的对比来判断。一般存在三种情况：

当 $\gamma < \gamma_d$ 时，$\gamma - \gamma_d < 0$，$a < 0$，气块减速运动，大气稳定，如图 5-10（a）所示；当 $\gamma = \gamma_d$ 时，$\gamma - \gamma_d = 0$，$a = 0$，气块可平衡在任意位置，大气是中性的，如图 5-10（b）所示；

当 $\gamma > \gamma_d$ 时，$\gamma - \gamma_d > 0$，$a > 0$，气块加速运动，大气不稳定，如图 5-10（c）所示。

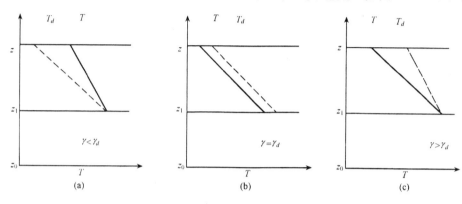

图 5-10　三种大气稳定度

因此，γ 与 γ_d 的大小比较是大气稳定度的判据。且 γ 越大，大气越不稳定；γ 越小，大气越稳定。如果 γ 很小，甚至等于零（等温）或小于零（逆温），将是对流发展的障碍。大气稳定度和一个地方的大气污染状况有着密切的关系。大气不稳定，湍流和对流充分发展，扩散稀释能力强，在同样的排放条件下，一般不易形成大气污染；大气稳定，对流和湍流不容易发生，污染物不容易扩散开，容易形成大气污染。

2. 大气稳定度与污染物扩散的关系

从烟囱排出的烟流扩散的形状大概有五种典型类型（图 5-11），不同烟形产生于不同的气象条件，与大气温度层结合大气稳定度紧密相关。

①波浪形（翻卷型）。这种情况出现在不稳定条件下，烟流呈波浪形。此时大气中较大尺度的湍流涡活动相当活跃，扩散十分迅速，于是可见浓烟滚滚。在污染源附近污染物浓度较大，但能很快扩散。这种情况多见于晴天中午前后，夏季晴天出现时间更长更典型。

②锥形。这种情况出现在中性及近中性条件下。此时的湍流强度比平展形大，烟气扩散向前推动良好，但比波浪形差。这种扩散一般是烈风和云天的特征。

③平展形（扇形）。这种情形出现在稳定条件下，烟囱出口位于逆温层中。此时，湍流受到抑制，特别是铅直湍流交换十分微弱，烟流在铅直方向的扩散很小，像扁平的飘带飘向远方。烟流在水平方向是缓慢弯曲偏转的，从长时间来看，会造成有效的侧向扩散，而对近地面的污染小。

④屋脊形（爬升形）。有逆温层处在烟囱高度以下，烟流下部是稳定的大气，而烟囱高度以上的大气不稳定，因而烟云主要向上扩散。这种烟云一般出现在日落后一个短时间

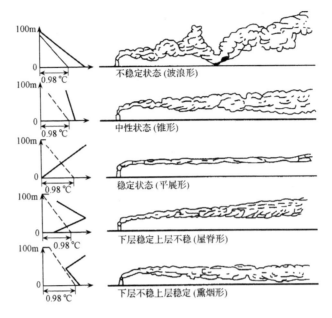

图 5-11 大气稳定度对烟流扩散的影响

内。日落后地面辐射降温，并自下而上逐渐形成逆温，在烟囱高度以上仍保持递减状态，所以烟云不向下方扩散。

⑤熏烟形（漫烟形）。常出现在日出后，此时的温度层结与爬升形的情况相反。日出以后，由于地面增温，低层空气被加热，结果自下而上地逐渐破坏了在夜间形成的逆温。当不稳定大气从地面向上逐渐发展至烟流的下边缘，下部气温的垂直分布已变成递减，而烟流下边缘以上仍处于逆温状态，便出现了这种烟形。此时一般风力较弱，由于烟气不能向上方扩散，只能向下方扩散，因此导致地面浓度上升，往往形成近地面污染危害。

可见，烟流的发生特点受到温度层结和大气稳定度的影响，同时不同的烟形也可作为判断当时大气稳定度的一种直观依据。不同的烟形下，污染物的扩散输送及对地面的影响也不同。不同烟形的发生特点、气象条件和对地面污染的关系可以概括于表 5-2。

表 5-2 不同温度层结下的烟形及其特点

烟形	性　状	大气状况	发生情况	与风、湍流的关系	地面污染状况
波浪形	烟云在上下左右方向摆动很大，扩散速度快，烟云呈剧烈翻卷状，烟团向下风向输送	$\gamma>0$，$\gamma>\gamma_d$ 大气不稳定，对流强烈	出现于阳光较强的白天	伴随有较强的热扩散，微风	由于扩散速度快，近污染源地区污染物落地浓度高，一般不会形成烟雾事件
锥形	烟云离开排放口一定距离后，云轴基本上保持水平，外形似椭圆锥，烟云规则扩散能力比波浪形弱	$\gamma>0$，$\gamma=\gamma_d$ 大气处于中性稳定状态	出现于多云或阴天的白天，强风的夜晚或冬季夜间	高空风较大，扩散主要靠热力和动力作用	扩散速度、落地浓度较前者低。污染物输送较远

烟形	性　状	大气状况	发生情况	与风、湍流的关系	地面污染状况
平展形	烟云在垂直方向扩散速度小，厚度在纵向变化不大，在水平方向有缓慢扩散	$\gamma<0$，$\gamma<\gamma_d$ 出现逆温层，大气处于稳定状态	多出现于弱风晴朗的夜晚和早晨	微风，几乎无湍流发生	污染物可传送较远，遇阻时不易扩散稀释，在逆温层下污染物浓度大
爬升形	烟云下侧边缘清晰，呈平直状，而其上部出现湍流扩散	排出口上方 $\gamma>0$，$\gamma>\gamma_d$ 大气不稳定；排出口下方 $\gamma<0$，$\gamma<\gamma_d$，大气处于稳定状态	多出现于日落后，因地面有辐射逆温，大气稳定，高空大气不稳定	排出口上方有微风，伴有湍流；排出口下方几乎无风，无湍流	烟囱高度处于不稳定层时，污染物不向下扩散，对地面污染较小
漫烟形	烟云上侧边缘清晰，呈平直状，下部有较强的湍流扩散，烟云上方有逆温层	排出口上方 $\gamma<0$，$\gamma<\gamma_d$ 大气稳定；排出口下方 $\gamma>0$，$\gamma>\gamma_d$ 大气不稳定	日出后地面低层空气增温，使逆温自而上逐渐破坏但上部仍保持逆温	烟云下部有明显热扩散，上部热扩散很弱，风在烟云之间流动	烟囱低于稳定层时，烟云就像被盖子盖住似的，烟云只向下扩散，地面污染重

第三节　大气污染及大气污染源

一、大气污染的发生及危害

大气污染是由于自然过程或人类活动，改变了大气中某些原有成分和向大气中排放污染物或由其转化成的二次污染物达到一定浓度，并持续一定的时间，达到有害的程度，以致破坏了人和生态系统的正常生存和发展，对人体、生态和材料造成危害的现象。

大气具有一定的自净能力，当污染物排放量在大气环境可以容纳的容量范围内，不会造成危害。大气污染的危害取决于污染物在大气中的含量和持续时间，而不仅仅是污染物的量。污染物在大气中的浓度和持续时间，取决于污染源的排放强度和气象条件。污染源、大气状态和受体是形成大气污染的三个基本要素。

一些自然过程，如火山爆发、山林火灾、海啸等也可能造成大气污染，但在大气的自净作用下，这类大气污染一般在经过一定时间后会自然消除，多为暂时和局部的。可以说，当前大气污染主要是人类的生产和生活活动造成的。

大气污染一旦产生，对人类和环境的影响和危害是多方面的。

1. 大气污染对人体健康的危害

大气直接参与人体的代谢和体温调节等生命活动过程，大气污染物一般通过呼吸道进入人体，也有少数通过皮肤或消化道进入人体。大气污染物侵入人体的途径如图 5 - 12 所示。大气污染对人体的危害主要有三方面：急性危害、慢性危害和远期危害。

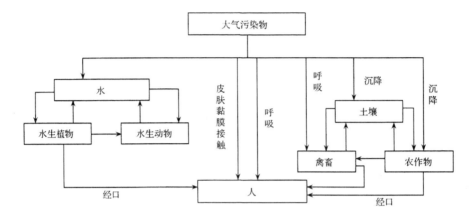

图 5 - 12　大气污染物侵入人体的途径

某些污染物在短期内浓度很高，或某几种污染物联合进入人体可以对人体造成急性危害，如空气中氯气的浓度达 3mg/L 时，则可引起肺内化学性烧伤而迅速死亡。

某些污染物较小剂量持续作用于人体，可能对人体产生慢性危害，如慢性呼吸道疾病等。

还有一些危害是经过一段较长的潜伏期后才表现出来的远期危害，如某些大气污染物具有致癌作用。

大气污染对人体健康的影响取决于大气中污染物的种类、性质、浓度和持续时间，也取决于不同个体的敏感性。

2. 大气污染对材料的影响

大气污染可使建筑物、桥梁、文物古迹和暴露在空气中的金属制品、皮革、纺织品等造成损害（表 5 - 3），主要包括玷污性损害和化学性损害两个方面。

表 5 - 3　大气污染物对材料的损害

材　料	损害类型	主要污染物	其他环境因素
金属	受腐蚀失去光泽	硫氧化物、其他酸性气体	湿度、盐等
建筑石材	表面侵蚀、褪色	硫氧化物、酸性气体、颗粒物	湿度、温度、波动、盐、振动、微生物
油漆	表面侵蚀、褪色	硫氧化物、硫化氢、臭氧、颗粒物	湿度、阳光、微生物
纺织品	降低抗拉强度、褪色	硫氧化物、氮氧化物、臭氧	湿度、阳光
纸	变脆	硫氧化物	湿度、物理磨损
皮革	强度降低、粉状表面	硫氧化物	物理磨损
陶瓷制品	改变表面状况	酸性气体、氟化氢	湿度

①玷污性损害：是尘、烟等粒子落在器物表面造成的，有的可以通过清扫冲洗除去，有的很难除去。

②化学性损害：是由于污染物的化学作用，使器物腐蚀变质。如二氧化硫及其生成的

酸雾、酸滴等，能使金属表面产生严重的腐蚀，使纸品、纺织品、皮革制品等腐蚀破碎，使金属涂料变质，降低其保护效能等，见表5-3。

3. 大气污染对植物的影响

大气污染对植物的生长也具有不利影响，主要表现为：损害植物酶的功能组织；影响植物的新陈代谢功能；破坏原生质的完整性和细胞膜；损害植物根系生长及功能；降低植物的产量和质量等。

大气污染物对植物的危害程度取决于污染物剂量及污染物组成等因素。例如，大气中SO_2能直接损害植物的叶子而阻碍其生长；O_3会对植物生长系统造成损害，当O_3浓度低时，会减低植物的生长速度，O_3浓度高时，会使植物叶片受到急性伤害。大气污染常常是多种污染物同时存在，其协同作用将会对植物造成更大的危害。例如，单独的NO_x可能不会对植物构成直接危害，但当它与O_3及SO_2协同反应后，就会对植物构成明显的危害。

4. 大气污染对大气环境的影响

大气污染还会对全球大气环境产生不利影响，目前已明显表现在三个方面：臭氧层破坏、酸雨及全球气候变化。

二、大气污染源及分类

大气污染源指向大气排放污染物或对大气环境产生有害影响的场所、设备和装置。不同类型的污染物来源于不同的污染源，研究污染源的特点对于治理大气污染具有重要意义。大气污染源可以分为天然源和人为源，在此重点讨论人为源。根据不同的研究目的及污染源特点，人为源有多种分类方式，如图5-13所示。

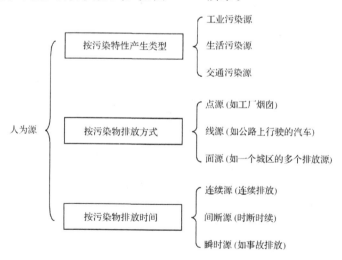

图5-13 人为源的分类

第四节 大气污染物及其迁移转化

一、大气污染物概述

大气污染物是指人类活动或自然过程排入大气，并对环境或人产生有害影响的物质。随着经济和环境保护的发展，大气污染物的种类越来越多，目前已经认定的大气污染物约有 100 种。

1. 大气污染物的物理状态分类

根据污染物的物理状态，大气污染物可以分为气态污染物和气溶胶态污染物（颗粒物）两类。气态污染物是在常温常压下以气体形式分散在大气中的污染物质，常见的如 CO、NO_x、O_3 等。它们易受气流影响，扩散快。固态或液态小颗粒物分散在大气中为气溶胶，各种气溶胶颗粒的粒径大小不同，其理化性质也有很大差异。一些气态污染物可以在大气中转化为颗粒物。

2. 大气污染物的形成过程分类

按污染物的形成过程，大气污染物可以分为一次污染物和二次污染物两类。大气中主要的一次污染物和二次污染物见表 5-4。

大气一次污染物是指直接由污染源排放进入大气的污染物，如碳氢化合物、一氧化碳、二氧化碳、一氧化氮、颗粒物等。一次污染物又可分为反应性污染物和非反应性污染物；前者性质不稳定，在大气中常与某些物质发生化学反应或作为催化剂促进其他污染物发生化学反应；后者性质稳定，不发生化学反应或反应速度很慢。

表 5-4 大气中的一次和二次污染物

污染物	一次污染物	二次污染物
含硫化合物	SO_2、H_2S	SO_3、H_2SO_4、硫酸盐
碳的氧化物	CO、CO_2	无
含氮化合物	NO、NH_3	NO_2、HNO_3、硝酸盐
碳氢化合物及衍生物	$C_1\sim C_6$ 化合物	醛、酮、过氧乙酰硝酸酯
卤素化合物	HF、HCl	无

二次污染物是由一次污染物在大气中相互作用或与大气正常组分经过化学或光化学反应生成的，与一次污染物的物理、化学性质完全不同的新的大气污染物，如臭氧、硫酸、一些活性中间产物等，其毒性往往比一次污染物还强。

二、主要大气污染物

1. 颗粒物

颗粒物是一种常见的大气污染物，是分散在气体介质中粒径约为 $0.0002\sim500\mu m$ 的固体或液体粒子。空气中的颗粒污染物数量大，成分复杂，来源广，主要来源于煤及其他燃料不完全燃烧排出的煤烟、工业生产过程产生的粉尘、建筑和交通扬尘以及气态污染物经物理化学反应而形成的颗粒物。它们的物理特性和成因见表 5−5。

表 5−5 颗粒物形态及主要特征

形态	分散质	粒径/μm	形成特征	主要效应
轻雾（mist）	水滴	＞40	雾化、冷凝过程	净化空气
浓雾（fog）	液滴	＜10	雾化、蒸发、凝结和凝聚过程	降低能见度，有时影响人体健康
粉尘（dust）	固体粒子	＞1	机械粉碎、扬尘、煤燃烧	能形成水核
烟尘（fume）（气）	固、液微粒	0.01～1	蒸发、凝聚、升华等过程一旦形成很难再分散	影响能见度
烟（smoke）	固体微粒	＜1	升华、冷凝、燃烧过程	降低能见度、影响人体健康
烟雾（smog）	液滴和固体微粒	＜1	冷凝过程、化学反应	同上
烟炱（soot）	固体微粒	−0.5	燃烧过程、升华过程、冷凝过程	影响人体健康
霾（haze）	液滴、固粒	＜1	凝聚过程、化学反应	湿度小时有吸水性，其他同烟

从大气污染的研究角度，颗粒物常表示为总悬浮颗粒物（TSP）、飘尘和降尘。TSP是指用标准大容量颗粒采样器所收集到的各种固体或液体颗粒状物质的总质量；其粒径绝大多数在 $100\mu m$ 以下。其中粒径小于 $10\mu m$，能在大气中长期飘浮的悬浮物为飘尘。由于飘尘粒径小，能被直接吸入呼吸道内而对人体造成危害，因此也称其为可吸入颗粒物；我国环境保护部 1996 年颁布修订的《环境空气质量标准》中已将飘尘改称为可吸入颗粒物，即 PM_{10}。降尘是指在 TSP 中粒径大于 $10\mu m$ 的颗粒物，由于其自身的重力作用能很快沉降下来，故将这部分微粒称为降尘。

颗粒物对人体的危害取决于它的暴露含量、粒径、组成成分及理化性质。由于降尘在重力作用下能很快沉降到地面，加之人体呼吸道对其具有过滤防御功能，绝大部分降尘能被阻留在鼻腔和咽喉部，因此降尘对人体的危害相对较小。对人体危害最大的是可吸入颗粒物，即空气动力学直径在 $10\mu m$ 以下的颗粒物。粒径愈小，愈不易沉降，能长时间飘浮在大气中容易被吸入体内，且可以经过呼吸道深入肺部。沉积在肺泡的污染物如被溶解，就会直接侵入血液，有可能造成血液中毒甚至死亡，例如人体吸入铬尘能引起鼻中溃疡和穿孔，致使肺癌发病率增加。而未被溶解的污染物有可能被细胞吸收，造成细胞破坏。例如人体吸入含有游离二氧化硅的粉尘后，在肺内沉积，能引起纤维性病变，使肺组织逐渐硬化，严重损害呼吸功能，发生"尘肺"病。

因此，人体长期暴露在飘尘浓度高的环境中，呼吸系统发病率会增高，特别是慢性阻塞性呼吸道疾病（如气管炎、支气管炎、哮喘、肺气肿等）的发病率会显著增高。此外，颗粒物浓度的增加还会直接导致大气能见度的下降以及太阳辐射损失增加的问题。而颗粒物污染对中国城市空气质量的影响非常广泛，是多数城市空气污染的首要污染物，而且在短期内要实现根本好转十分困难。

2. 硫氧化物

硫氧化物主要是指 SO_2 和 SO_3。硫以多种形式进入大气，特别是作为 SO_2 和 H_2S 气体进入大气，但也有以亚硫酸、硫酸以及硫酸盐微粒形式进入大气的。整个大气中的硫约有 2/3 来自天然源，其中以细菌活动产生的 H_2S 最为重要；H_2S 在大气中是不稳定的硫化物，在有颗粒物存在下，可迅速地被氧化成 SO_2，是大气中 SO_2 的一个主要来源。人类活动释放的主要形式是 SO_2，大部分来自含硫燃料的燃烧以及硫化物矿石的焙烧、冶炼过程。火电厂、有色金属冶炼厂、硫酸厂、石油冶炼厂以及所有燃烧煤或石油的锅炉、炉灶都会产生 SO_2，我国的火电厂是最大的 SO_2 排放源。

SO_2 是一种无色、易溶于水、具有刺激性气味的气体。在低浓度下，SO_2 主要影响呼吸道，如出现咳嗽、喷嚏症状，空气进出肺部受到阻碍引起呼吸困难；含量较高时，诱发支气管炎、哮喘病，严重的可以引起肺气肿，甚至致人死亡。特别是当 SO_2 和颗粒物同时吸入时，将发生协同效应，对人体的危害更严重。SO_2 对植物的影响表现为对植物内部生理活动的抑制作用，SO_2 首先影响那些调节气孔的植物细胞。当相对湿度高时，即使浓度很低的 SO_2 也会促使植物叶片气孔保持张开状态，张开的气孔会促使更多的污染物进入植物体内。污染物一旦进入植物叶子的细胞间隙内，就会与包围该细胞的细胞膜（调节着进出细胞的各种物质）接触，进而对其造成破坏，植物叶片内营养物质平衡和离子的流动也将受到破坏，导致叶面伤害、坏死，从而影响植物的生长。

SO_2 被视为重要大气污染物的另一个主要原因在于它参与了硫酸烟雾和酸雨的形成。SO_2 在大气中尤其是污染大气中极不稳定，其主要归宿是被氧化为 SO_3，进而与水分子结合生成硫酸分子，经过均相或非均相成核作用，形成硫酸气溶胶，并发生化学反应生成硫酸盐。在相对湿度比较大，以及有催化剂存在时，SO_2 可发生催化氧化反应生成 SO_2，进而形成硫酸或硫酸盐；SO_2 也可以在太阳紫外光的照射下，发生光化学反应，生成 SO_2 和硫酸雾。硫酸和硫酸盐可以形成硫酸烟雾和酸雨，造成更大的危害。

3. 氮氧化物

氮氧化物（NO_x）种类很多，包括 N_2O、NO、NO_2、N_2O_3、N_2O_4 和 N_2O_5 等多种化合物。但大气中常见的污染物主要是 NO 和 NO_2。天然排放的 NO_x，主要来自土壤和海洋中有机物的分解，属于自然界的氮循环过程；人为活动排放的 NO_x，主要来源为化石燃料燃烧和生产或使用硝酸的工业生产过程，其中汽车尾气是主要的排放源。燃料在高温燃烧条件下，NO_x 主要以 NO 的形式存在，一般燃料燃烧最初产生的 NO_x 中 NO 占 90% 以上；但通常 NO 被排放到大气中后会很快被氧化为 NO_2，所以实际大气中的 NO_x 最主要成分是 NO_2。

NO 是无色、无刺激的气体，它和血红蛋白的亲和力比 CO 的亲和力还大几百倍，结合氧的能力很强，会严重阻碍血液输氧，引起人体缺氧而发生中毒。在阳光照射下，并有碳氢化合物存在时，NO 能迅速地氧化为 NO_2；而 NO_2 在阳光照射下，又会分解成 NO 和 O；NO 和 NO_2 之间化学循环是大气光化学过程的基础，在污染大气的化学过程中起着很重要的作用。

NO_2 是红棕色气体，对呼吸器官有强烈刺激性，其对肺组织的毒性比 NO 和 SO_2 都强烈。慢性 NO_2 中毒引发慢性支气管炎，高浓度 NO_2 中毒引起急性肺水肿；此外，NO_2 对人和动物的心、肝及造血组织等均有影响，对敏感的植物可表现为造成植物生长速度减慢、叶面损伤等。

另外，NO_x 也是形成酸雨的主要物质之一，还是形成光化学烟雾的重要一次污染物和消耗臭氧的一个重要因子，因此 NO_x 是大气环境中的重要污染物。

4. 碳氧化物

大气中的碳氧化物主要是 CO 和 CO_2。

CO 是无色、无臭、易燃的有毒气体。大气中 CO 主要是由含碳物质不完全燃烧产生的，而天然源较少，通常认为 CO 的最大来源是以汽油为燃料的机动车辆。据估计，汽车尾气排放的 CO 约占全球 CO 排放总量的 55%。CO 是一种性质特别稳定的气体，在大气中不易与大气物质发生化学反应，可以在大气中停留较长时间。在一定条件下，CO 可以转变为 CO_2，然而其转变速率很低。CO 和血液中输送氧气的血红蛋白有很强的结合力，其结合力比氧与血红蛋白的结合力大 210 倍，人一旦吸入 CO，就会迅速形成碳氧血红蛋白妨碍氧气的补给，发生头晕、头疼、恶心、疲劳等机体缺氧的症状，危害中枢神经系统，严重时窒息、死亡。

CO_2 是大气中一种"正常"成分，一般不作为污染物来考虑，主要来源于生物的呼吸作用和化石燃料等的燃烧。但是，它被认为是最重要的温室气体，且 CO_2 的化学性质很稳定，一旦进入大气，能存留数十年。目前，大气中累积的 CO_2 对全球气候的变化已产生显著作用，并且影响深远。因此，有效地控制 CO_2 的人为排放量，已成为世界各国共同关注的问题。

5. 碳氢化合物

大气中的碳氢化合物通常是指 $C_1 \sim C_8$ 可挥发性的所有碳氢化合物，又称烃类。大气中大部分的碳氢化合物来源于生物的分解作用，人为排放量虽然小，却非常重要。碳氢化合物的人为来源主要是石油燃料的不充分燃烧和石油类的蒸发过程。燃油的机动车是主要的碳氢化合物污染源，在石油炼制、石油化工生产中也产生多种碳氢化合物。

碳氢化合物也是形成光化学烟雾的主要一次污染物。另外，碳氢化合物中的多环芳烃（PAH），如芘、蒽、菲、苯并（α）芘等，具有明显的致癌作用，已引起人们的密切关注。其中苯并（α）芘是国际公认的致癌能力很强的物质，主要通过呼吸道侵入肺部，并引起肺癌。

6. 臭氧

O_3 大部分集中在平流层，平流层中的 O_3 对地球生命系统至关重要；对流层中的 O_3 主要由平流层输入及对流层中光化学反应生成。如果对流层的 O_3 浓度增加，会导致对流层气温升高，对人体和植物也具有危害性。

O_3 有特殊的臭味，是已知的仅次于氟（F_2）的最强氧化剂。近年来的研究表明，人体上呼吸道对 O_3 的摄取率很低，O_3 可以直接侵入呼吸道深处，增加呼吸道阻力，使肺活量降低。O_3 的质量浓度在 $0.214mg/m^3$ 时，呼吸 2h 将使肺活量减少 20%，哮喘病患者发病频率增加；质量浓度在 0.623mg/m³ 时，对鼻子和脑部有刺激，慢性呼吸道器官疾病患者的病情会恶化；质量浓度达 1～4.29mg/m³ 时，呼吸 1～2h 后，眼和呼吸器官发干，有急性烧灼感、头痛、中枢神经发生障碍，时间再长，思维还会紊乱。O_3 对植物的影响也很大，浓度很低时就可以减缓植物的生长，高浓度时会杀死叶片组织，使整个叶片枯死。

7. 二噁英

二噁英是多氯甲苯、多氯乙苯等有毒化学品的俗称，包含多氯二苯呋喃（PCDFs）和多氯二苯一并-对二噁英（PCDDs）两大类有机化合物，亦被称为"毒中之毒"。二噁英的化学性质稳定，难以生物降解，属持久性有机污染物。大气中的二噁英主要是在焚烧含氯的生活和工业垃圾（如含大量塑料制品的垃圾）时产生的。联合国环境规划署化学品处制定发布了《二噁英/呋喃清单估算标准工具包》，最新版为 2005 年 12 月版，其中详尽地列出了十大类多个子类的排放源。

二噁英进入人体易在脂肪层和脏器中蓄积，在人体内的半衰期为 7 年。二噁英具有强致癌性，致癌剂量低达每千克 10ng（10^{-9}g）。二噁英毒性极大，是氰化物的 130 倍，砒霜的 900 倍。1995 年美国国家环境保护局对二噁英的重新评价结果指出，它不仅具有致癌性，还具有生殖毒性、内分泌毒性和免疫抑制作用。特别是其具有环境雌激素效应，可能造成男性女性化。

8. 氟化物

含氟废气主要指含有氟化氢（HF）和四氟化硅（SiF_4）的废气。冶金工业的电解铝、炼钢、铝加工，化学工业的黄磷、磷酸、磷肥和氟塑料等生产过程，搪瓷厂上釉，陶瓷厂、砖瓦厂及玻璃厂在高温烧制时都会产生含氟废气。氟化物进入空气后，大部分随颗粒物沉降到地面，少部分以气态形式存在空气中。氟化物对眼睛及呼吸道有强烈的刺激作用，人体吸入高浓度的氟和氟化氢气体会引起肺水肿和支气管炎，且即使在浓度很低时对植物也有影响。

三、大气污染物的迁移转化与典型大气环境问题

污染物自污染源排放进入大气，在具体的大气状况下输送、扩散；在迁移过程中某些污染物由于其自身的物理、化学性质和其他条件（如日照、温度、湿度等）的影响，在污染物之间以及它们与大气中原有组分之间发生一系列化学反应，形成新的二次污染物和大气污染问题。这些大气污染的转化有光化学过程和热化学过程，其中有发生在气相的均相反应和发生在液相的均相反应，也有发生在气固、气液和液固界面上的非均相反应，研究大气污染的转化常是复杂的过程。当前备受关注的大气污染转化问题主要包括：硫氧化物及其转化、氮氧化物及其转化、酸雨、臭氧层变化等。下面主要探讨几种典型的大气污染问题，了解这些问题的产生原因及相关污染物的转化过程。

1. 酸雨

（1）酸雨及其危害

酸雨是指 pH 小于 5.6 的大气降水，包括雨、雪、雹、露等各种降水形式。1852 年，英国科学家史密斯发现在工业化城市曼彻斯特地区的雨水呈酸性；后又分析了伦敦市雨水

成分，发现呈酸性，且农村雨水中含碳酸铵，酸性不大，郊区雨水含硫酸铵，略呈酸性，市区雨水含硫酸和酸性的硫酸盐，呈酸性。于是，史密斯于 1972 年在其著作《大气与雨——化学气象学的开端》一书中，首先使用了"酸雨"这个名称。大量的环境监测资料表明，由于大气层中的酸性物质增加，地球大部分地区上空的云水正在变酸，如不加控制，酸雨区的面积将继续扩大，给人类带来的危害也将与日俱增。

目前，全球已形成三大酸雨区。我国酸雨区覆盖四川、贵州、广东、广西、湖南、湖北、江西、浙江、江苏和青岛等省市部分地区，面积达 200 余万 km^2，是世界三大酸雨区之一。我国酸雨区面积扩大之快、降水酸化率之高，在世界上是罕见的。世界上另两个酸雨区是以德、法、英等国为中心，波及大半个欧洲的北欧酸雨区和包括美国和加拿大在内的北美酸雨区。这两个酸雨区的总面积达 1000 余万 km^2，降水的 pH 小于 5，有的甚至小于 4。

酸雨给地球生态环境和人类社会经济都带来严重的影响和破坏。研究表明，酸雨对土壤、水体、森林、建筑、名胜古迹等人文景观均带来严重危害，不仅造成重大经济损失，更危及人类生存和发展。酸雨使土壤酸化，肥力降低，有毒物质更毒害作物根系，杀死根毛，导致发育不良或死亡。酸雨污染河流、湖泊和地下水，直接或间接危害人体健康；酸雨还杀死水中的浮游生物，减少鱼类食物来源，破坏水生生态系统。酸雨对森林的危害更不容忽视，酸雨淋洗植物表面，直接伤害或通过土壤间接伤害植物，促使森林衰亡。酸雨对金属、石料、水泥、木材等建筑材料均有很强的腐蚀作用，因而对电线、铁轨、桥梁、房屋等均会造成严重损害。

在酸雨区，酸雨造成的破坏比比皆是，触目惊心。如在瑞典的 9 万余个湖泊中，已有 2 万余个遭到酸雨危害，4000 余个成为无鱼湖。美国和加拿大许多湖泊成为死水，鱼类、浮游生物，甚至水草和藻类均一扫而光。北美酸雨区已发现大片森林毁灭于酸雨。德、法、瑞典、丹麦等国已有 700 多万公顷森林正在衰亡，我国四川省，广西壮族自治区有 10 多万公顷森林也正在衰亡。世界上许多古建筑和石雕艺术品遭酸雨腐蚀而严重损坏，如我国的乐山大佛、加拿大的议会大厦等。

（2）酸雨的成因

酸雨的形成是极其复杂的大气物理和化学过程。大气降水在形成和降落的过程中，会吸收大气中的多种物质，如果最终酸性物质多于碱性物质，就会形成酸雨。现已确认，大气中的二氧化硫和氮氧化物是形成酸雨的主要物质；通常酸雨中的酸性物质 80% 以上为硫酸和硝酸，其中又以硫酸为主。美国测定的酸雨成分中，硫酸占 60%，硝酸占 32%，盐酸占 6%，其余是碳酸和少量有机酸。

① SO_2 与酸雨。SO_2 可通过光化学氧化和催化氧化（如铁、锰等金属盐为催化剂）两种途径转化为 SO_3，其反应机理大致如下：

$$SO_2 \xrightarrow{\text{紫外线}} SO_2^*$$

$$2SO_2^* + O_2 \longrightarrow 2SO_3$$

$$2SO_2 + O_2 \xrightarrow{\text{催化剂}} 2SO_3$$

SO_3 与水蒸气结合，进而生成硫酸，即

$$SO_3 + H_2O \longrightarrow H_2SO_4$$

在潮湿的大气中，也可直接通过液相反应，生成亚硫酸或硫酸，即 $SO_2 + H_2O \longrightarrow H_2SO_3$

$$2H_2SO_3 + O_2 \longrightarrow 2H_2SO_4$$

②NO_x 与酸雨。NO_2 能与大气中的 OH 自由基反应，生成气态的 HNO_3，此反应主要在白天发生

$$NO_2 + OH \longrightarrow HNO_3$$

在空气湿度大的条件下，在大气中 Fe、Mn 等金属盐杂质的催化作用下，NO_2 易转化为硝酸，即

$$4NO_2 + 2H_2O + O_2 \xrightarrow{\text{催化剂}} 4NO_3^- + 4H^+$$

另外，NO_2 除了本身直接反应生成 HNO_3 外，当它与 SO_2 共存时，还可促进 SO_2 向 SO_3 和 H_2SO_4 转化，促使酸雨的形成。

2. 光化学烟雾

(1) 光化学烟雾及危害

1943 年美国洛杉矶发生光化学烟雾，首次发现这种污染问题，两天内 65 岁以上的老人死亡 400 多人；此后光化学烟雾的污染在世界各地不断出现，如东京、大阪、墨西哥、伦敦以及澳大利亚、德国等地的大城市，成为严重的大气污染问题之一。光化学烟雾的特征是烟雾呈蓝色，具有强氧化性，其高峰出现在有强阳光照射的中午或稍后，傍晚消失，污染区域往往在污染源的下风向几十到几百公里处。

光化学烟雾的重要特征之一是使大气的能见度降低，视程缩短。这主要是由于污染物质在大气中形成的光化学烟雾气溶胶所引起的。这种气溶胶颗粒大小一般多在 0.3～1.0μm 内，不易因重力作用而沉降，能较长时间悬浮于空气中，长距离迁移；它们与人视觉能力的光波波长相一致，且能散射太阳光，从而明显地降低了大气的能见度。因而妨碍了汽车与飞机等交通工具的安全运行，导致交通事故增多。

光化学烟雾对人体最明显的危害是对眼睛的刺激作用。在美国加利福尼亚州，由于光化学烟雾的作用，曾使该州 3/4 的人发生红眼病。日本东京 1970 年发生光化学烟雾时期，有 2 万人患了红眼病。研究表明光化学烟雾中的过氧乙酰硝酸酯（PAN）是一种极强的催泪剂，其催泪作用相当于甲醛的 200 倍；另一种眼睛强刺激剂是过氧苯酰硝酸酯（PBN），它对眼睛的刺激作用比 PAN 大约强 100 倍。近来据报道，PAN 和 PBN 还有致癌危险。光化学烟雾对鼻、咽喉、气管和肺等呼吸器官也有明显的刺激作用，并会头痛，使呼吸道疾病恶化。对老人、儿童及病弱者尤为严重。

光化学烟雾对植物的损害是十分严重的，植物受害是判断光化学烟雾污染程度最敏感的指标之一。在美国，光化学烟雾影响农作物减产已遍及 27 个州。据有关当局统计，仅加利福尼亚州 1959 年由光化学烟雾引起的农作物减产损失就达 800 万美元。据洛杉矶市调查，由于光化学烟雾的毒害作用，使大片树林枯死，葡萄减产 60% 以上，柑橘也严重减产。对光化学烟雾敏感的植物包括许多农作物（如棉花、烟草、甜菜、莴苣、番茄和菠菜等）、某些饲料作物、观赏植物（如菊花、蔷薇、兰花和牵牛花等）和多种树木。

另外，光化学烟雾还会加速橡胶制品的老化和龟裂，腐蚀建筑物和衣物，缩短其使用寿命。

（2）光化学烟雾的产生机理

光化学烟雾的形成过程是很复杂的，通过实验室模拟研究，已初步明确了它们的基本化学过程。其中关键性的反应包括：NO_2 的光解导致了 O_3 的生成，有机碳氢化合物的氧化生成了一系列活性自由基，如 HO_2、RO_2 等；自由基引起了 NO 不断向 NO_2 转化，进一步提供了生成 O_3 的 NO_2 源；同时生成了新的二次污染物，如过氧乙酰硝酸酯（PAN）、醛、酮等。

引发反应：$NO_2 \xrightarrow{\text{紫外线}} NO+O$

$O+O_2 \longrightarrow O_3$

$NO+O_3 \longrightarrow NO_2+O_3$

在正常条件下，NO、NO_2 和 O_3 三者保持着平衡，O_3 浓度不会增加太多。但当存在碳氢化合物时，由于 O 与其发生反应产生一系列自由基如 RO_2，它们能取代 O_3 与 NO 反应使其转化为 NO_2，而 O_3 就得以不断累积。

基传递反应：$RH+OH \longrightarrow RO_2+H_2O$

$RCHO+OH \longrightarrow RC(O)O_2+H_2O$

$RCHO \xrightarrow{\text{紫外线}} RO_2+HO_2+CO$

$HO_2+NO \longrightarrow NO_2+OH$

$RO_2+NO \longrightarrow NO_2+RCHO+HO_2$

$RC(O)O_2+NO \longrightarrow NO_2+RO_2+CO_2$

$OH+NO_2 \longrightarrow HNO_3$

在此过程中，还有新的二次污染物的生成，如

终止反应：$RC(O)O_2+NO_2 \longrightarrow RC(O)O_2NO_2$（PAN）

由上述反应过程可见，光化学烟雾的形成过程非常复杂，关键在于碳氢化合物的存在（主要是自由基的生成），促使了 NO 在不需要消耗臭氧的情况下，能不断向 NO_2 快速转化，NO_2 又继续光解产生臭氧；同时转化过程中产生的自由基又继续与碳氢化合物反应生成更多的自由基，如此不断地进行反应，直到 NO 或碳氢化合物耗尽为止；所产生的醛类、O_2、PAN 等二次污染物为最终产物。

光化学烟雾的形成需要一定的条件。NO_2 和 HC 化合物的共存是必要的条件，所以以石油为原料和燃料的工厂排气以及汽车尾气等污染源是光化学烟雾产生的前提。另外，由于光化学烟雾形成 NO_2 的光解有直接关系，而 NO_2 的光解必需 $290\sim430\text{nm}$ 波长的辐射作用。因此，从季节而言，夏季发生光化学烟雾的可能性较冬季大，尤其是夏季中午前后光线最强时发生光化学烟雾的可能较大。当天气晴朗、高温低湿、风力不大和逆温存在时，有利于污染物在地面附近的聚积，易于发生光化学烟雾。

3. 臭氧层破坏

（1）臭氧层空洞及危害

来自太阳的辐射在到达地球表面之前，其中高能的紫外线使得高空中（离地面 10km

以上）的氧气分子发生分解，产生的氧原子具有很强的化学活性，因此能很快与大气中含量很高的氧分子发生进一步的化学反应，生成臭氧分子。臭氧分子在太阳辐射下又可发生离解，重新生成氧气。

O_2 分子在高空太阳辐射下可以生离解：

$$O_2 \xrightarrow{\lambda \leqslant 240nm} 2O_2$$

$$2O + 2O_2 \longrightarrow 2O_3$$

总反应：$3O_2 \xrightarrow{\lambda \leqslant 240nm} 2O_3$

O_3 又可在太阳辐射下离解：

$$O_3 \xrightarrow{210nm \leqslant \lambda \leqslant 310nm} O_2 + O$$

$$O_3 + O \longrightarrow 2O_2$$

总反应：$2O_3 \xrightarrow{210nm \leqslant \lambda \leqslant 310nm} 3O_2$

正常情况下，臭氧的形成和分解速率大体相当，臭氧和氧气之间的平衡使臭氧的总量处于较恒定的状态；大气形成了一个较为稳定的臭氧层，约 90% 臭氧集中在平流层 10～50km 内。臭氧层的作用是阻挡太阳紫外线照射，使人类免受伤害。

1985 年，英国科学家法尔曼等人在南极哈雷湾观测站发现：1977～1984 年每到春季南极上空的臭氧浓度就会减少约 30%，有近 95% 的臭氧被破坏。从地面上观测，高空的臭氧层已极其稀薄，与周围相比像是形成一个"洞"，"臭氧洞"由此而得名。以后经过数年的连续观测，不仅南极上空的臭氧层空洞进一步得到证实，还发现北极和北半球上空的臭氧也岌岌可危。据"第三次欧洲臭氧平流层试验"发表的公报，2000 年 1～3 月，北极上空 18km 处的平流层里，臭氧含量累计减少了 60% 以上。1994 年，北半球上空的臭氧层比以往任何时候都稀薄，欧洲和北美上空的臭氧层平均减少了 10%～15%，西伯利亚上空甚至减少了 35%。

20 世纪 90 年代初，我国北京、昆明、黑龙江、浙江、青海等地臭氧观测结果也表明，当地臭氧总量不断减少。1996 年，我国科学工作者发现全国臭氧总量都在不断被消耗，同时发现青藏高原 6～9 月形成了大气臭氧低值中心。在中国科学院和国家自然科学基金的项目支持下，卞建春等研究发现：2003 年 12 月 14～17 日，青藏高原上空出现大面积臭氧总量极低值区，该现象引起了世界关注，国际保护臭氧层专家警告：如果任其发展下去，世界屋脊上空将继南北两极之后，出现世界第三个臭氧层空洞，给人类带来极大的危害。

由于臭氧层中臭氧的减少，照射到地面的太阳光紫外线增强，其中波长为 240～329nm 的紫外线对生物细胞具有很强的杀伤作用，对生物圈中的生态系统和各种生物，包括人类，都会产生不利的影响。

臭氧层破坏以后，人体直接暴露于紫外辐射的机会大大增加，这将给人体健康带来不少麻烦。紫外辐射增强使患呼吸系统传染病的人增加，受到过多的紫外线照射还会增加皮肤癌和白内障的发病率。此外，强烈的紫外辐射促使皮肤老化。

臭氧层破坏对植物产生难以确定的影响。近十几年来，人们对 200 多个品种的植物进行了增加紫外照射的实验，其中 2/3 的植物显示出敏感性。一般说来，紫外辐射增加使植物的叶片变小，因而减少俘获阳光的有效面积，对光合作用产生影响。对大豆的研究初步结果表明，紫外辐射会使其更易受杂草和病虫害的损害。臭氧层厚度减少 25％，可使大豆减产 20％～25％。

紫外辐射的增加对水生生态系统也有潜在的危险。紫外线的增强还会使城市光化学烟雾加剧，使橡胶、塑料等有机材料加速老化，使油漆褪色等。

（2）臭氧层空洞形成原理

美国科学家莫里纳（Molina）和罗兰德（Rowland）提出，人工合成的一些含氯和含溴的物质是造成南极臭氧洞的元凶，最典型的是氟氯碳化合物（CFCs，俗称氟利昂）和含溴化合物哈龙（Halons）。越来越多的科学证据证实氯和溴在平流层通过催化化学过程破坏臭氧是造成臭氧空洞的根本原因。

人为释放的 CFCs 和 Halons 化合物在对流层是化学惰性的，即使最活泼的大气组分——自由基对 CFCs 和 Halons 的氧化作用也微乎其微，完全可以忽略。因此它们在对流层十分稳定，不能通过一般的大气化学反应去除。经过一两年的时间，这些化合物会在全球范围内的对流层分布均匀，然后主要在热带地区上空被大气环流带入到平流层，风又将它们从低纬度地区向高纬度地区输送，在平流层内混合均匀。

在平流层内，强烈的紫外线照射使 CFCs 和 Halons 分子发生解离，释放出高活性的原子态的氯和溴，氯和溴原子也是自由基。氯原子自由基和溴原子自由基就是破坏臭氧层的主要物质，它们对臭氧的破坏是以催化的方式进行的：

$$Cl + O_3 \longrightarrow ClO + O_2$$
$$ClO + O \longrightarrow Cl + O_2$$

总反应：$O_3 + O \longrightarrow 2O_2$

溴原子自由基也是以同样的催化过程破坏臭氧。据估算，一个氯原子自由基可以破坏 $10^4 \sim 10^5$ 个臭氧分子，而由 Halons 释放的溴原子自由基对臭氧的破坏能力是氯原子的 $30 \sim 60$ 倍。而且，氯原子自由基和溴原子自由基之间还存在协同作用，即二者同时存在时，破坏臭氧的能力要大于二者简单的加入。

另外，平流层内超音速飞机排放的大量 NO_x 也导致臭氧层中臭氧的减少，通常认为与 NO_x 的催化作用有关：

$$NO + O_3 \longrightarrow NO_2 + O_2$$
$$NO_2 + O \longrightarrow NO + O_2$$

总反应：$O_3 + O \longrightarrow 2O_2$

为了评估各种臭氧层损耗物质对全球臭氧破坏的相对能力，科学上采用了"臭氧损耗潜势"（ozone depletion potential，ODP）这一参数。臭氧损耗潜势是指在某种物质的大气寿命期间内，该物质造成的全球臭氧损失相对于相同质量的 CFC-11 排放所造成的臭氧损失的比值。某物质 X 的 ODP 值可以表示为

$$ODP = \frac{\text{单位物质 } X \text{ 引起的全球臭氧减少}}{\text{单位质量的 CFC-11 引起的全球臭氧减少}}$$

臭氧损耗物质的大气浓度分布及参与的大气化学过程是影响其 ODP 值的主要因素。由于对这些因素的处理方式不同，不同的研究者得到的臭氧损耗物质的 ODP 值存在一定

的差异，但各类臭氧层损耗物质的 ODP 值的次序大体一致：含氢的氟氯烃化合物的 ODP 值远较氟利昂低，而许多哈龙类化合物对平流层的破坏能力大大超过氟利昂。这些研究为决策者指定臭氧层损耗物质的淘汰战略和替代方案提供了有力的科学依据。

4. 温室效应

（1）温室效应及影响

如果没有大气覆盖，根据地球获得的太阳热量和地球向宇宙空间放出的热量相等的原理，可以计算出地球的地面年均温度为 $-18℃$。而全球的地面平均温度约为 $15℃$。这 $33℃$ 的温差就是大气像被子一样保护地球造成的。

宇宙中任何物体都辐射电磁波，物体温度越高，辐射的波长越短。太阳表面温度约 6000K，它发射的电磁波的波长很短，称为太阳短波辐射（其中包括从紫到红的可见光）。地面在接受太阳短波辐射而增温的同时，也时时刻刻向外辐射电磁波而冷却下来。地球发射的电磁波因温度较低而具有较长的波长，称为地面长波辐射。短波辐射和长波辐射在经过地球大气时的遭遇是不同的：大气对太阳短波辐射来说几乎是透明的，而它却强烈吸收地面长波辐射。大气在吸收地面长波辐射的同时，它自己也向外辐射波长更长的长波辐射（因为大气的温度比地面更低）。其中向下到达地面的部分称为逆辐射。地面接收逆辐射后就会升温，这也可以说是大气对地面起到了保温作用。地球大气的这种保温作用，很类似于种植花卉的暖房顶上的玻璃（温室效应也可称为暖房效应或花房效应），因为玻璃也具有透过太阳短波辐射和吸收地面长波辐射的保温功能。这就是大气温室效应的原理。

通常所说的温室效应，主要是指由于人类活动增加了温室气体的数量和品种，破坏了大气层与地面间红外线辐射正常关系，阻止地球热量的散失，使地球温度升高。

温室效应对气候所产生的破坏作用，只有在形成了重大灾害以后才能完全确切知道。但是可以肯定在下列几方面影响严重：

气候带和自然带的变化。温室效应引起的气候变暖并不是均匀的，而是高纬升温多，低纬升温少；冬季升温多，夏季升温少。这种变化必然造成气候带的调整，气候带的调整又必然引起自然带的变化。据估计，全球平均气温升高 $1℃$，气候带和自然带约向极地方向推移 100km。如全球平均气温升高 $2.5℃$，则现在占陆地面积 3% 的苔原带将不复存在，其他气候带和自然带的界限变化，对界面附近的生态系统冲击甚大。

海平面上升。温室效应引起的全球变暖，必然导致海洋的热膨胀和冰川、极地冰雪融化，从而引起海平面上升。海平面升高对居住在沿海地区约占全球 50% 的人口将带来严重的影响，一些沿海低地和岛屿可能被淹没，其生态系统也将彻底崩溃。

不少地区的自然灾害增加。气候变暖引起降水量和降水空间分布和时间分布的变化，不少地区的旱涝灾害可能增加。同时气候变暖可能使病虫害增加。

（2）温室气体

并不是大气中的每种气体都会强烈吸收地面长波辐射，地球大气中起温室作用的气体称为温室气体，主要有二氧化碳、甲烷、臭氧、一氧化二氮、氟利昂以及水汽等。其中二氧化碳约占 75%、氟利昂类约占 $15\%\sim20\%$，此外还有甲烷、一氧化氮等 30 多种。

二氧化碳（CO_2）：由于大量使用煤、石油、天然气等化石燃料，全球的二氧化碳正以每年约 60 亿吨的量增加，是造成温室效应的主要气体。

氟氯碳化物（CFCs）：目前以 CFC-11、CFC-12、CFC-113 为主。使用于冷气机、电冰箱的冷媒、电子零件清洁剂、发泡剂，是造成温室效应的气体。

甲烷（CH_4）：有机体发酵及物质不完全燃烧的过程会产生甲烷，主要来自牲畜、水田、填埋场及汽车的排放。

氧化亚氮（N_2O）：是由燃烧化石燃料、微生物及化学肥料分解所排放的。

臭氧（O_3）：来自汽车等所排放的氮氧化物及碳氢化合物，经光化学作用而产生的气体。

应当说明，CO_2 以外的其他温室气体在大气中的浓度虽比 CO_2 小得多，有的要小好几个量级，但它们的温室效应作用却比 CO_2 强得多，它们对大气温室效应的作用，根据 IPCC 第二次评估报告，都只比 CO_2 低一个量级。这是值得注意的。

不同的气体对于温室效应增温效果的比较：

气体类别增温效应（以二氧化碳作为基准）

二氧化碳（CO_2）1

甲烷（CH_4）10

氮氧化物（N_2O）100

臭氧（O_3）1000

氟氯碳化物（CFCs）10000

思考题

1. 你对大气污染有何认识？主要的大气污染物有哪些？并举例说明主要大气污染物的来源和危害。

2. 什么是酸雨？分析酸雨的成因。

3. 什么是温室效应？分析其危害和产生机理。

4. 分析臭氧层空洞的产生原因及危害。

参考文献

[1] 程发良、常慧编著．环境保护基础．北京：清华大学出版社，2002．

[2] 刘齐天，黄小林，邢连壁，耿其博．环境保护．北京：化学工业出版社，2000．

[3] 陈亢利，等．物理性污染与防治．北京：中国环境科学出版社，2003．

[4] 程胜高，罗泽娇，曾克峰．环境生态学．北京：化学工业出版社，2003．

[5] 高廷耀，顾国维．水污染控制工程．北京：高等教育出版社，2001．

[6] 戴树桂，环境化学．北京：高等教育出版社，1987．

[7] 卡尔弗特，英格伦．大气污染控制技术手册．刘双进，等译．北京：海洋出版社，1987．

[8] 郝吉明，马广大．大气污染控制工程．北京：高等教育出版社，2001．

[9] 邵敏，董东．我国大气挥发性有机物污染与防治．环境保护，2013，5：25-28．

[10] 林成谷．土壤污染与防治．北京：中国农业出版社，1996．

[11] 李天杰．土壤环境学．北京：高等教育出版社，1995．

[12] 郭荣君，李世东．土壤农药污染与生物修复研究进展．中国生物防治，2005，21（3）：219～135

[13] 李奇峰．关于光污染．照明工程学报，2003，14（2）：28～33．

[14] 李耀中．噪声控制技术．北京：化学工业出版社，2003．

[15] 洪宗辉．环境噪声控制工程．北京：高等教育出版社，2002．

[16] 沈思林．加强电磁辐射环境保护的探析．云南环境科学，2005，24（1）：53～55．

[17] 汪群慧．固体废物处理及资源化．北京：化学工业出版社，2003．

[18] 汪大翚，徐新华．化工环境保护概论．北京：化学工业出版社，1999．

[19] 丁亚兰．国内外废水处理工程设计实例．北京：化学工业出版社，2000．

[20] 林灿铃．国家环境法．北京：人民出版社，2004．

[21] 孙巧明．试论生态环境监测指标体系．生物学杂志，2004，21（4）：13-14．

[22] 王远．环境管理．南京：南京大学出版社，2009．

[23] 叶文虎．环境管理学．北京：高等教育出版社，2000．